THE
ARCHITECTURE
CONCEPT
BOOK

JAMES TAIT

with 565 illustrations

建 筑 概 念 书
——创意、策略与实践的灵感指南
The Architecture Concept Book

[英]詹姆斯·泰特 著

李 丽 曹茂庆 译

中国建筑工业出版社

著作权合同登记图字：01-2019-1752 号

图书在版编目（CIP）数据

建筑概念书：创意、策略与实践的灵感指南 /（英）
詹姆斯·泰特著；李丽，曹茂庆译 .—北京：中国建
筑工业出版社，2022.3
书名原文：The Architecture Concept Book：An
inspirational guide to creative ideas，strategies
and practices
ISBN 978-7-112-27146-7

Ⅰ.①建… Ⅱ.①詹… ②李… ③曹… Ⅲ.①建筑设
计—理论研究 Ⅳ.① TU201.1

中国版本图书馆 CIP 数据核字（2022）第 040514 号

Published by arrangement with Thames & Hudson Ltd, London
The Architecture Concept Book © 2018 Thames & Hudson, London
Text © 2018 James Tait
Artwork and sketches © 2018 James Tait
For other illustrations please see the picture credits list.
Designed by Michael Lenz
This edition first published in China in 2021 by China Architecture & Building Press Beijing
Chinese edition © 2021 China Architecture & Building Press

本书由英国Thames & Hudson 出版社授权翻译出版

责任编辑：程素荣　吕　娜
责任校对：姜小莲

建筑概念书
——创意、策略与实践的灵感指南
The Architecture Concept Book
[英]詹姆斯·泰特　著
李　丽　曹茂庆　译

*
中国建筑工业出版社出版、发行（北京海淀三里河路 9 号）
各地新华书店、建筑书店经销
北京雅盈中佳图文设计公司制版
北京富诚彩色印刷有限公司印刷
*
开本：889 毫米 ×1194 毫米　1/20　印张：13¾　字数：320 千字
2022 年 7 月第一版　2022 年 7 月第一次印刷
定价：68.00 元
ISBN 978-7-112-27146-7
（38644）

目　录

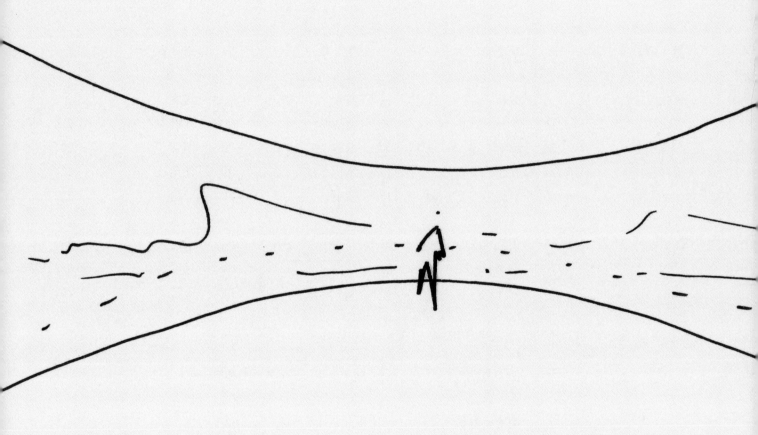

导　言

概念

　　概念通常被认为是一个抽象的想法，是对比较复杂和解释性细节的符号化表达。"概念"（concept）一词源自拉丁语 *conceptum*，意思是"构想出来的东西"。不过，这一术语不应被视为纯粹的抽象标题，而应被视为某种更具普遍性的东西：它是人类的探索努力和思想所创造的一切客观实体或产品存在的理由。任何作品——无论是艺术作品、音乐作品还是文学作品——在某种程度上都是由人类头脑构想孕育才得以创造出来的。概念是作品存在的理由，作品则是最初想法的具体体现。

建筑学中的概念

　　"概念"这个词在建筑学上经常被误用。有"概念建筑师"一说——他们的梦想注定只能停留在纸面上，要么华而不实，要么尚不成熟，无法在特定的时间点实现。还有"概念性建筑"这一宽泛说法，指的是那些已创作但未建造、意欲通过其雄心抱负或（在政治、社会或形式上的）启发性来激发人们的反应。最后，还有设计的"概念阶段"，大多数的学生方案都处于这一阶段：方案还只是设计草图，墙厚是象征性的，结构是估计的，场地限制条件也是假设的。

　　然而，这些提法都具有误导性。它们目前在建筑学上的使用情况表明理念与建成现实之间存在脱节——而事实本不该如此。设计理念与建成现实不应是各自独立的存在，建筑物应该是原始概念的物质表现。因此，对于建筑师来说，概念应该是建造的理由。我们必须始终有理有据地进行建造。

特殊性与普遍性

这些建造理由既可以具有特殊性，也可以具有普遍性。特殊性概念产生于特定项目的独特条件和环境，可以与设计任务书有关：建筑物的用途、使用者的需求、场地的条件、建筑物如何与地形或邻近建筑物相呼应，以及建筑物将突出现有物理条件的哪些方面。或者，特殊性概念也可能与政治和社会背景有关：建筑是反映主流倾向，还是反对主流倾向？又将如何改善当地的社会状况？特殊性概念是设计任务书、场地或环境所固有的挑战，并且可以融入普遍性概念中。

普遍性概念超越了暂时的项目条件。普遍性概念是永恒的，体现了建筑中一直存在、并将继续存在的方方面面。比如，建筑如何塑造我们彼此互动的方式，空间中的生活是如何展开的？如何通过对比例、尺度和形式的操控，来不断地探寻各种形式的美？建筑是诚实的，我们如何真实而完整地营造这种诚实性？以及建筑如何利用光、强调光，这一生命的馈赠者？

在设计过程的所有阶段，这些概念——无论是特殊性的还是普遍性的，都必须出现在我们的脑海中。如果没有这些概念，设计的每一个步骤都会变得步履维艰，最终的设计也只能算是一座建筑物（building），而谈不上是建筑（architecture）。建筑以概念为核心，建筑物则不需要。然而建筑师创造的往往只能算作建筑物。建筑物无法体现那种只能借由概念获得并丰富起来的能力，而只有做到了这一点，才堪称建筑。

从概念到实现

"建筑师"（architect）一词来自古希腊语 archi（"首领"）和 tekton（"建造者"）。这个词反映了它所产生的文化和社会条件：在那个时代，建筑师的抱负和知识等同于他们的实践能力和经验。然而在今天，这似乎是对建筑师角色和建筑实践的狭隘而错误的定义。如今大多数建筑师都不能以首领自居，甚至不能自称为建造者。在一个由市场力量和瞬息万变的时尚所主宰的纷乱而复杂的世界里，我们坚持己见并非易事。我们以孤立而抽象的方式进行建造，常常脱离实际——甚或更糟，没有统领一切的概念或信念。我们的工作方式很难跟上我们的梦想，有时甚至连梦想都没有。

我们的建筑应产生于其核心的创造理由。好想法即使不够成熟或不好实施，也要比很好实现的糟糕想法（或实际上根本没有核心想法）更有分量。[1] 纵有再多的刻意塑形、追逐时尚、华丽呈现、复杂造型、热情洋溢的营销文案或是昂贵的材料，也无法掩饰糟糕或缺乏创意的想法。然而，一个好想法的草图，亦即好的建造理由，却会持续下去。不过这还只是问题解决方案的一半。我们还必须学会如何将概念推进到建筑物的物理现实中：只有这样的建筑物，才能解决建筑与塑造建筑的力量之间的脱节，才能解决业界内乌托邦主义和实用主义之间的脱节。建筑物通过成功地实现了最初的概念而成为建筑。在设计之前，在设计过程的每一个阶段都要三思——

无论是城市总体规划的第一份草图，还是立面细节的施工图。要思考你将如何忠实于最初的概念。

《建筑概念书》

本书分为四个部分，分别阐述建筑设计从概念构思到完成这一过程中的各个步骤：

第 1 章　评估

在这一章中，我们要观察和评估周围环境，以便推断出建筑的要点。

第 2 章　分析

在这一章我们要审视世界范围内的惯常做法，并思考建筑师如何能够做得更好。

第 3 章　整合

这一章我们回顾并重新诠释建筑从地面到屋顶的关键要素。

第 4 章　拓展

在这一章中，我们要研究一些使建筑物锦上添花的技巧（如色彩、尺度和对比等）。

本书提出了制定和发展策略的方法，通过向更广阔的世界学习，挑战我们现有的实践，并将概念置于首位，从而使我们的建筑变得更好，塑造我们的空间，并进一步提高建筑师在建筑创作中的影响力。我们始终必须在设计之前进行思考。我们必须始终有理有据地进行建造。

公共广场方案

西班牙维戈伯贝斯广场（La Praza do Berbés，Vigo，Spain）。J. 泰特设计

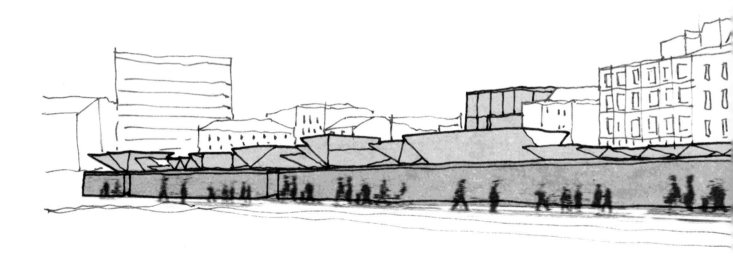

从无到有
立方体概念：减法研究

第 1 章　评估

惊奇
环境
无序
记忆
功能
形式
反讽
政治

惊奇

具有神秘力量（numen）的空间

wonder，惊奇，名词

日耳曼语。词源不详

1. 由某种陌生的、非凡的或不熟悉的事物引

起的惊奇、惊讶或钦佩的感觉或情绪。

2. 使人感到惊奇和惊讶的事物或动因。

在建筑学中，所谓惊奇，即通过其形式、尺度和细节引发情感反应的空间与建筑物，通常与宗教建筑联系在一起。例如，寺庙、圣殿、大教堂、清真寺和犹太教堂等，都体现了一种具有更强力量的"神圣创造力"，正如神学家鲁道夫·奥托（Rudolf Otto）所表达的："一种神秘的畏惧……这种被造感（creature-feeling）就是那种在直接经验到的、激发畏惧的对象面前产生的对于个人卑微渺小、一无所是的感受。"[1]奥托将这与无所不在的产生神秘（numinous）感的更强力量联系起来。

神秘与崇高

这个神秘（numinous）①的概念与哲学上的崇高概念有关。崇高的概念是由埃德蒙·伯克（Edmund Burke）提出，由伊曼努尔·康德（Immanuel Kant）发展起来的，可以用它与美的关系进行最恰当的描述。用康德的话来说："崇高使人感动，优美则使人迷恋。"[2]崇高是需要体验的，而优美只是用来观赏的。康德以崇高来描述山峰、狂风暴雨、高耸入云的树木、夜空和冥冥世界。相反，优美用于牛羊遍野的山谷与草地、白昼的天空和关于极乐世界的描绘。崇高具有一种令人着迷的神秘性（mysteriousness）和黑暗性。

崇高与神秘不同，它与宗教经验无关，而是源于无限的概念和对自然的无力感——但结果是一样的：即面对更强力量时的畏惧。奥托针对建筑进一步阐述了这些相似之处："在几乎所有的艺术中，表现神秘的最为有力的方式乃是'崇高'。建筑尤其是这样，在建筑中，崇高的因素看来早被人们最先认识到"。[3]

---

① numionous 是鲁道夫·奥托由拉丁词 numen 改造而来的词，用来表示"神圣（holy）"观念中剔除了道德的、理性的含义之后的剩余物，即"某种独特的'神秘的'价值范畴与某种确定的'神秘的'心态"，参见《论"神圣"》中译本，第 7 页。numen 原为罗马神话中的守护神，后引申为具有某种神秘力量和精神的存在物。——译者注

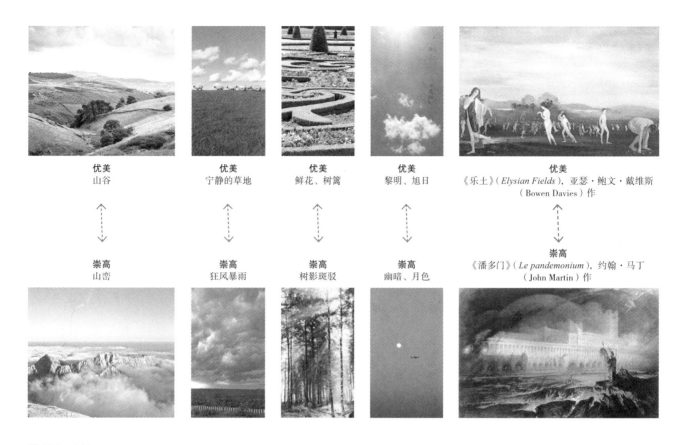

优美
山谷

优美
宁静的草地

优美
鲜花、树篱

优美
黎明、旭日

优美
《乐土》（*Elysian Fields*），亚瑟·鲍文·戴维斯
（Bowen Davies）作

崇高
山峦

崇高
狂风暴雨

崇高
树影斑驳

崇高
幽暗、月色

崇高
《潘多门》（*Le pandemonium*），约翰·马丁
（John Martin）作

神秘与建筑

巨石时代，即奥托所指的觉醒时期，大体上在基督教和一神论之前，就已体现在巨石阵的宏伟结构中，"通过魔法把神秘保存在、储留在坚固的呈现中"，或者体现在古埃及金字塔的雄伟壮观之中，建造者们"使神秘感几乎像一种自动反应那样在心灵中颤动"。这些古老的建筑虽然具有某种精神上的意义，但并不是宗教建筑。然而，它们唤起惊奇感的能力是无可争议的，就像自然界中许多神秘（或崇高）的例子一样。

的确，有些宗教建筑并不像某些非宗教建筑那样使人产生神秘感或崇高感。引发畏惧感不是建筑的目的，而是设计所带来的体验效果。但是，什么样的建筑构成能够激发这样的感觉呢？我们如何才能创造具有惊奇性的空间呢？

理性与非理性

奥托将神秘的特征分为间接的和直接的，康德将其称为崇高的理性方面和非理性方面。理性、间接的方面是从理性中推导出来的先验知识（a priori knowledge），它独立于人类的经验之外，表现为绝对性、必然性和实质性的概念。相比之下，神秘的非理性、直接方面与人类反应和"感性感觉"的现世和短暂世界有关。[4] 这些概念可以应用于创造神秘、崇高的建筑和空间。间接、理性的元素是建筑与空间的固定的、静默的属性，包括：形式、尺度和细节；直接而非理性的元素则与建筑的短暂体验有关，包括：光、静默和虚空。

不可能的尺度

吉萨金字塔群，赫米乌奴（Hemiunu）设计，公元前 2580~2560 年

不可能的工程

佛罗伦萨大教堂，菲利波·伯鲁乃列斯基（Filippo Brunelleschi）设计，1436 年

不可能的环

北京中央电视台大楼，OMA 建筑事务所设计，2008 年

奇异的雕刻

犹他州（Utah）岩层；吴哥窟（Angkor Wat）寺庙

奇异的分形

索科特拉岛（Socotra）龙血树（Dragon tree）；韦尔斯大教堂（Wells Cathedral），1306 年（教士礼拜堂）

奇异的翼形

玻璃翼蝴蝶；飞利浦馆（Philips Pavilion），勒·柯布西耶、兰尼斯·塞纳基斯（Lannis Xenakis）设计，1958 年

形式

一座神秘的建筑，必须"以力的或数的巨大"来挑战我们的"理解的界限"。[5]

● 不可能性

建筑必须展现出一种难以理解、几乎超越人类能力的高超技术。这种特质体现在很多方面，比如，建造吉萨金字塔所需的大量的人力和智慧，伯鲁乃列斯基设计的佛罗伦萨大教堂的反地心引力工程，以及 OMA 建筑事务所设计的北京中央电视台大楼不合逻辑扭曲的"三维折环（3d cranked loop）"。[6] 由于超越了可能性的范围，这些建筑看起来超凡脱俗，仅凭凡人是无法企及的。

● 奇异性

形式上的奇异性（strangeness）呈现出一种"特别的二元性质"，[7] 既"令人畏惧，又特别吸引人"。[8] 物体因其奇异性而更加生动地铭刻在人们的脑海中。在犹他州的烟囱状岩层中，在西非龙血树（dragon tree）扭曲的枝干上，或

无限空间　夜空

无限空间　内蒙古沙漠

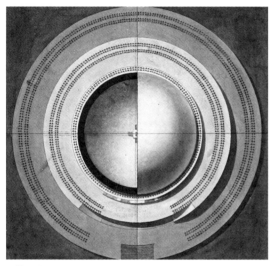

群体尺度

上图：牛顿纪念堂（Cénotaphe de Newton），艾蒂安 – 路易·布雷（Étienne–Louis Boullée），1784 年；中图：伊朗恰高赞比尔塔庙（Chogha Zanbil Ziggurat），公元前 1250 年；中右图：东京富士山通信集团总部大楼（Fujisankei Communications Group Headquarters），丹下健三（Kenzo Tange）设计，1996 年

群体尺度

群体尺度

个体尺度

左图：中世纪城堡的凹室；中图：日本住宅样式，日本富山纪念博物馆（Toyama Memorial Museum）；右图：苏格兰议会大厦（Scottish Parliament）的"思考舱（Thinking Pod）"，EMBT 事务所设计，2004 年

者在发现于美洲的玻璃翼蝴蝶的透明翼中，都可以看到这一点。建筑中的奇异性也同样显而易见，从高棉人建造的柬埔寨阶梯式寺庙，到威尔斯大教堂（Wells Cathedral）的哥特式扇形拱顶，再到勒·柯布西耶为 1958 年世博会（Expo'58）设计的飞利浦馆自由奔放的混凝土结构中，都可以看到。所有这些人造结构都具有一种优美而崇高的奇异性——与自然界中发现的例子相类似。

尺度

　　神秘的理性和间接表现的第二个方面是尺度。奥托将其描述为神秘（numinous）的"空间范围无比巨大的强劲表现"：[9]巨大不仅意味着空间的广阔，还意味着空间的效力或强度。巨大和集中这两种对立的尺度产生了两种神秘的体验，即群体尺度和个体尺度。

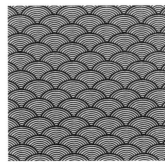

细节　复杂

细节　重复

细节　图案

无限性　自然

无限性　自然

无限性　自然

● 群体尺度

空间的巨大引发公共意义上的神秘，这是一种超越个体的群体性目的。大尺度唤起了无限空间的概念，反过来，也唤起了人类及其创造物的有限性。例如，这一点在无尽的夜空或茫茫的沙漠中表现得很明显——无论人类存在与否，它们都将永远存在。古巴比伦的塔庙（Ziggurats of Babylon），艾蒂安–路易·布雷（Étienne-Louis Boullée）设计的巨型牛顿纪念堂，或是日本新陈代谢派（Metabolists）提出的巨构方案，都有同样的特点。这些建筑超越了周围环境，超越了人类对尺度的一切感知，成为其他事物，某种比个体更伟大的东西。

● 个体尺度

小空间也可以抚慰和滋养居住者，使他们体验到神秘或崇高。奥托描述了私人礼拜的卑微虔诚，这种卑微虔诚使心灵得到提升。[10]通过缩小空间尺度，我们就不用降低它的效力。个体神秘体验的理想空间包括：

- 获得日光——提示人们太阳是生命的赐予者
- 观察自然或城市景观——认识个体在更广阔的自然和人类环境中的位置
- 舒适——允许为不同的冥想状态提供多种多样的座位安排
- 丰富的材料——简单、不奢华但高品质的材料可以体现空间的重要性
- 正确的比例——比例过大，空间会变得不够亲切；比例过小，空间会变得不舒适。

这些方面可以在传统日本茶室的可扩展性中看到，那些茶室可以根据使用和隐私的需要扩展或缩小；可以在中

无限性　建成的

无限性　建成的

材料与细节

世纪城堡嵌入墙壁的凹室中看到，那些凹室提供了反省空间，作为避开大厅和餐厅的庇护之所；也可以在恩里克·米拉莱斯（Enric Miralles）设计的苏格兰议会大厦（Scottish Parliament Building）突出的"思考舱"中看到，那些舱体提供了冥想的空间。

　　公共集会空间或私人冥想空间之间的区别在于尺度。在建筑设计中，通过确保为特定空间选择正确的尺度，就可以实现尺度的这种激发惊奇的能力。尺度不够宏大，无以激发出群体性神秘；尺度不够小巧，则无以发现个体性神秘。

细节

　　奥托将神秘艺术与建筑的细节描述为"具有不同寻常的丰富性与深刻性"，产生了"魔力印象"。[11] 例如，中国和日本古代艺术的细节中所固有的魔力，就是通过其复杂、重复和色彩实现的。同样，神秘和崇高也以两种方式体现在建筑的细节中，即：无限和感知。

　　● 无限性的暗示

　　通过图案和重复，在面对更高力量时，一种无限和徒劳之感就会油然而生。自然界中充满了无穷无尽的重复和微妙的渐变：罗马花椰菜错综复杂的分形，蜂巢的无限规律性，还有斑马身上的鲜明图案。在建筑学中，重复的抽象性唤起了一种感觉，即建筑不是人类单一思维的产物。从古埃及建筑立面上的无数雕刻，到密斯式办公大

光　成片的光　　　　　光　光束　　　　　光　光斑　　　　　光　光晕

光　成片的光　　　　　光　光束　　　　　光　光斑　　　　　光　光晕

楼上看似一望无际的窗棂，都证明了这一点。二者都通过多重性创造出一种无限的感觉。

- 通过细节影响感知

　　通过关注细节，建筑师可以增加人们对建筑物的体验，控制建筑物传递给居民的信息。通过关注材料特性和材料的组合方式、细节中体现的概念以及细节如何与建筑物的整体形式和尺度相联系，就可以实现这一点。对于宗教建筑来说的确如此，在宗教建筑中，彩色玻璃窗、大理石洗礼池、天鹅绒窗帘以及繁复的雕刻等元素结合在一起，增加了整体的宏伟感。同样，在大型公共建筑中，色彩的品质、材料的奢华以及对连接处（不同材料的连接方式）的关注相结合，可以达到同样的效果。

　　不过，形式、尺度和细节本身并不能唤起神秘或崇高。要做到这一点，它们还必须与建筑的瞬态、体验性因素交织在一起，即神秘的直接方面，奥托将其描述为光、静默和虚空。

上图，从左至右：林中空地；峡谷；海面上的月光；雾。下图，从左至右：柏林奥林匹克体育场，马奇（March）与斯皮尔（Speer）设计，1936 年；达卡国民议会厅（Jatiyo Sangsad Bhaban），路易斯·康（Louis I. Kahn）设计，1982 年；巴黎阿拉伯世界研究所（L' Institute du Monde Arabe），让·努维尔（Jean Nouvel）设计，1987 年；堪萨斯城纳尔逊－阿特金斯艺术博物馆（Nelson-Atkins Museum of Art），斯蒂文·霍尔（Steven Holl）设计，2007 年

光

　　光是神秘力量的第一个也是最重要的元素。光使我们高贵，黑暗使我们卑微；而神秘就存在于这两个对立面的冲突中。正如奥托所描述的那样，"黑暗必须通过对比来强化，神秘始于半暗状"（semi-darkness）。[12] 自然界中这样的例子比比皆是：森林空地上的一片光，照亮洞穴深处的光束，波浪上的光斑，或是雾霭中缥缈的光晕。

　　具有神秘性的建筑物也允许成片的光从上方照亮空间，让光束从窗户倾泻而下，让光透过屏风和格栅变得斑驳陆离，或是让光透过屏风的过滤和柔化，形成光晕——黑暗使这一切都变得明显。在建筑中就像在自然界中一样，光与暗的对比创造出一种神奇而令人敬畏的效果。

　　室内照明水平越来越受到立法的制约，特定功能所需的确切照明水平都有明确规定，这些规定更关注健康和安全，而不是光和空间的质量以及与黑暗形成对比的要求。然而，作为空间的创造者，我们必须接受黑暗在我们欣赏和体验光的过程中所扮演的角色。光使建筑物活跃起来。集中的光为崇高的形式和巨大或微小的空间带来活力和神秘感，并使细节更加清晰。

静默

　　奥托将神秘力量的第二个元素定义为静默（silence），这种静默不是图书馆或教堂里的寂静无声，而是"对实际的神秘在场这种感受的自然反应"。[13] 建筑中静默的存在分两个阶段：提供静默（provision for silence），确保我们的设计提供完美的环境，这种环境随后使人产生保持静默的生理冲动，即反应（reaction）。

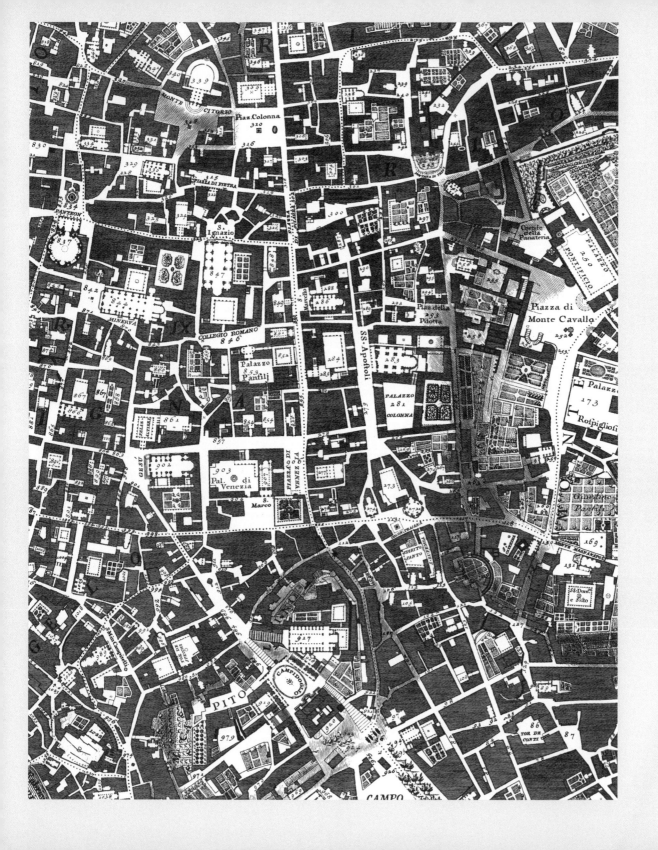

● 提供静默

静默——以及与其相对的声音——是建筑学中最容易被忽视的方面之一。建筑师考虑的是建筑物及其组成部分的外观——形式、比例、材料质量、色彩；还要考虑这些要素带来的感受——金属门把手冰冷的光泽、抛光混凝土的光滑度、砖块的粗糙度。我们也会把建筑物与特殊的气味联系起来——我们童年时代充满化学物质的游泳池、咖啡馆里皮革座位的气味，或是邻近花园散发出来的野花香味。然而，除了实用意义之外，人们很少认为声音与空间设计有关。

静默的确是可以设计出来的，三层玻璃窗可以屏蔽外部噪声，隔声门和隔声墙可以限制来自相邻房间和走廊的噪声，或者也可以在墙壁和天花板上使用吸声材料。然而，往往只有在出于技术或功能原因而写入任务书时，人们才会考虑到这些构件；很少有人出于体验而非实用的原因把提供静默当作头等大事。

声音是看不见的，但它和砖块、木头或玻璃一样，也是一种建筑材料。随着现代生活节奏加快、日益喧嚣，建筑师更应该在建筑物内提供庇护空间；那正是为了静默的静默空间。

● 静默的力量

尤哈尼·帕拉斯玛（Juhani Pallasmaa）将建筑定义为"将静默石化的艺术"。[14] 这个类比很有影响力。以树干为例：树干先是在大自然中沉寂着，直到电锯的猛烈轰鸣声打破了沉寂，随后是树干被分装进卡车里的沉闷撞击声，接着是锯木厂的沉闷撞击声，然后又是钉打、锤击、拼接就位的沉闷撞击声，最后在建筑中再次回归静默。建筑使材料回归到它们的自然声学状态——静默是我们用来限定和围合空间的材料所固有的属性。

帕拉斯玛阐述道："强烈的建筑体验平息所有的外部嘈杂，它能让我们的注意力集中于我们自身存在的……基本孤独上"。[15] 建筑中的静默常常借助与神秘性的另一种直接来源——光——的相互作用，孕育出神秘之感。

路易斯·康曾将静默描述为"没有光，没有黑暗"……"环境的灵魂"，[16] 是我们内心深处的存在。他将建筑体验置于程序性或技术性问题之前。当静默被引入光中，二者间的相互作用就创造出一种通往灵感和神秘性的环境阈值，即体验之门。

虚空

奥托规定了神秘性的最后一种直接方式——虚空（void）。他以中国古代建筑的"建筑布局与分组"为例，描述了封闭空间、庭院和长廊所具有的"无言的恢宏"。[17]

建筑学中的虚空可以在三种不同的尺度上找到：在城市层面（在詹巴蒂斯塔·诺利绘制的罗马平面图中描绘得最清楚，图中的街巷、道路、公共广场和公园明显地表现出了虚空）；在建筑层面，以庭院、采光井和天井的形式呈现；以及在带有屋顶天窗、

城市层面的虚空
罗马新地图，詹巴蒂斯塔·诺利（Giambattista Nolli）绘，1748 年

25

建筑的虚空
采光井，英国格拉斯哥艺术学院
（Glasgow School of Art）里德大厦
（Reid Building），斯蒂文·霍尔设计，
2014 年

单独的虚空
楼梯，魏森霍夫庄园（Weissenhof
Estate），德国斯图加特，勒·柯布西
耶设计，1927 年

凉廊和壁龛的单个房间层面。虚空创造了光与静默的空间。光揭示了虚空，而静默则栖居在虚空中。虚空是纯粹的空间，完全没有程序性功能。当然，虚空也可以是功能性的，如交流空间（breakout spaces）、电梯井道、服务空间等，但从神秘的意义上说，这些虚空的主要目的应该是与实体体量形成对比，就像建筑中的光与暗形成对比一样。虚空突出了体块和坚固性，而体块则限定了虚空——防止虚空成为简单的真空。虚空是一个空间，通过减法，使光、静默和神秘性进入。

然而，就像建筑中所有其他形式的神秘性和崇高性一样，非功能性的虚空往往被贪心的客户视为可有可无，或者被糊涂的承包商视为奢侈品。虚空被看作是空洞的、不可租用的空间，而不是能够容纳惊奇与敬畏的元素。

——建筑中的惊奇与敬畏

"你呈现的是一种品质，建筑的品质，没有任何目的。只是对你无法定义、却必须建造出来的某种东西的认识……这种品质不是手册上写的，也不是从实际问题开始的。它始于一种感觉，即一定有世界中的世界。在那个世界里，人的思维不知何故变得敏锐起来"。[18]

路易斯·康，苏黎世联邦理工学院讲座，1969 年。

带来惊奇与敬畏是建筑设计中最重要的方面。社会及其需求在变化，技术需求和可能性在变化，但敬畏的能力是永恒的。神秘的建筑超越了所有的功能、程序和风格问题。它是由理性和非理性的经纬交织而成的；这是崇高的形式、变化的尺度和对细节的关注，交织着对光的驾驭和操控、静默的提供和对虚实对比的欣赏。

神秘建筑的组成部分永远面临着预算、程序或技术问题的风险，而建筑师必须对此有所防范，其他人不会这么做。我们创造的建筑不仅要在功能和技术方面表现良好，还要能够为我们提供体验敬畏与惊奇的完美平台。这才是激发我们对周围世界以及我们在其中所处位置进行深刻反思的建筑。套用康的话来说，即建筑使人思维敏捷。

环境

建筑原产地控制

environment，环境，名词

源自法语——environs（环境）

1.（自然界）整个自然世界；人、动物和植物生活于其中的空气、水和土地。

2.（周围环境）一个人所处的直接外部条件或环境；影响活动和行为的背景或条件。

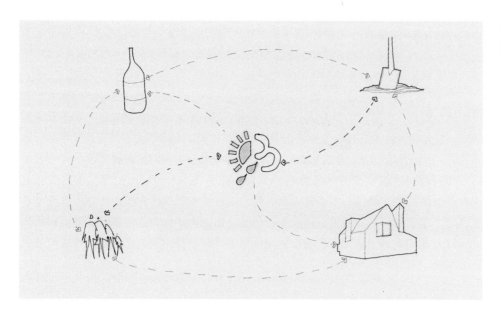

风土特色
建筑—葡萄酒（气候、地质、生产方法）

在酿酒业中，风土概念指的是一个特定地方所具有的特征，这些特征结合起来生产出的葡萄酒，与其出产地有着内在的联系。正是葡萄树与其环境之间的这种相互作用，才使此种葡萄酒有别于同一地区（或更远地方）的其他葡萄酒。风土有三个基本方面：

- 气候——包括降水（雨）、阳光、坡度（方向/海拔）和风（沿海/非沿海）。
- 地质——不同的葡萄树适宜不同的土壤。土壤水位也是种植成功的关键。
- 生产方法——结合一代又一代的酿酒经验，基于上述气候和地质因素不断进行微调；这是风土的最后一个方面。

如果所有这些方面都考虑到了，那么就可以生产出足以拥有风土特色（*goût de terroir*）的葡萄酒，即有那一地区独有的风味。在法国体系中，这样的葡萄酒被标记为"appellation d'origine contrôlée"，即"原产地受控标记"，表明葡萄酒具有来自特定地区的独特品质。

我们可以将这些概念与建筑联系起来。建筑也应该具有固有的风土特色——即，基于场地及其居民的具体特征，而且和好葡萄酒一样，也要受到相同控制因素的制约。

气候

与酿酒一样，对建筑风土特色影响最大的是气候。以下是有关如何应对建筑所处气候问题的一些建议：

——降水：在潮湿的气候条件下，要接纳雨水，而不要试图忽视它：

- 要有雨篷或遮蔽构件
- 提供雨水收集池
- 使用锥形、斜坡的屋顶形式，这些屋顶形式最适合排水

——阳光：确保建筑位置最大限度地暴露在阳光下：

- 确定重点房间的方位，以达到最佳的采光条件
- 为南向部分提供遮阳或遮蔽，使其免受强光照射
- 对屋顶形式进行处理，使阳光照射到空间深处

——坡度：确保建筑物与土地相协调，而不是形成对抗：

- 在陡坡处，可以将建筑物嵌入地形中，或以支柱将建筑物架高
- 两种情况都要考虑对地面的影响
- 确保内部布局有最大化视野

——风：不要将建筑物暴露在主导风向中：

- 设计锥形、流畅的屋顶形式，不与风形成对抗
- 在温暖多风的气候下，利用集风口提供自然通风
- 在沿海地区，选择适合恶劣海洋环境的材料

地质

如果我们把建筑物视为葡萄酒，将建筑原材料视为葡萄，那么土壤对于建筑物而言就如同对葡萄酒一样重要。就像酿酒师一样，建筑师也必须了解不同土壤的特性。天然土壤是砂和黏土的混合物，其特性取决于精确的成分组成。[1]如果土壤含砂量过大，雨水会冲走葡萄藤的营养物质。同时，如果黏土含量过大，水的流动速度就会太慢，无法输送植物生长所需的矿物质。同样，在建筑中，膨胀土（黏土或淤泥）含水量的变化会导致收缩和膨胀，从而破坏建筑物的基础和上部结构。[2]

就像葡萄一样，不同的土壤类型需要不同的建筑解决方案，这主要与含水量有关。在所有不透水的岩质斜坡上，可以将建筑物嵌入持久稳定的地貌中；在下面有坚实土

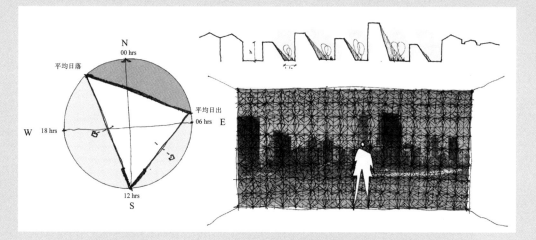

日光

实体与空隙的高宽比同样提供明暗；建筑物朝向要使日照时间最大化；通过格栅过滤极强阳光，以控制眩光和温度

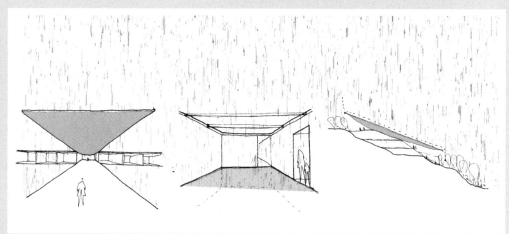

雨

夸张的雨篷提供遮蔽和躲避风雨之处；雨水收集设施可以作为一种特色，也可以收集雨水供整个建筑物使用；屋顶采取突出、倾斜的形式，使雨水尽快流走

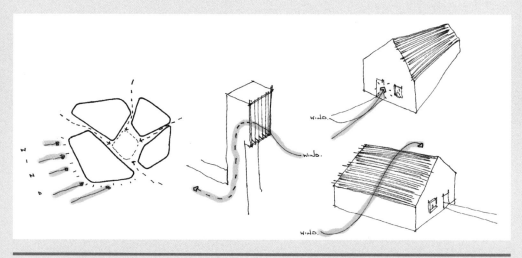

风

建筑群可以组团式布置，以提供避风空间，免受主导风向影响；集风口可以用来利用强风，并通过建筑物传递其降温和产生能量的特性；屋顶形式要因地制宜，以顺应主导风向，而不是与主导风向形成对抗

斜坡

在炎热、干燥、需要降温和遮阴的地区，采用凿洞的方法；在多风、暴露、需要防风的场地，采用保留地貌的方法；在寒冷的高山环境中，采用架空支柱进行建造，以减少霜冻

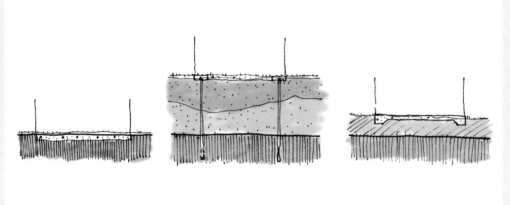

基础

在裸露地表的岩石上可直接建造；在岩石层距地面较深的白垩质、黏土质土壤上可采用桩基；在泥炭或泥砂等不稳定地基条件下，筏式基础可分散建筑荷载

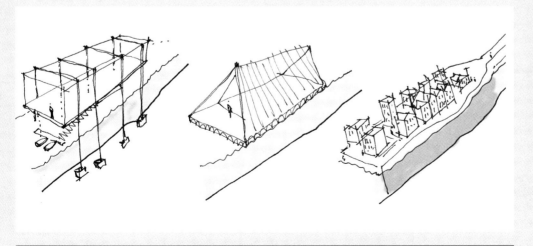

水

在建筑物看起来是漂浮的，且地面条件允许的情况下，可采用支柱架空或垫层；在砂质地面和具有流动性或可移动的地面，浮筏式建筑物比较可取；在海床不稳定的地方进行大规模开发时，可采用"岛式"填筑方法

31

关于土地

地貌与栖居其中的建筑融为一体，即山坡上的城镇或城市都是在同一片岩层上建造出来的；黏土或泥巴塑形成大地上的房屋；覆盖着细长木材的小屋，既取材于周围森林，也呼应着树木的形状

技艺

传统的木材拼接技艺；石墙施工；砖块拼砌——所有这些都可以利用当地的材料和人工，以当代方式对古老技艺进行重新诠释

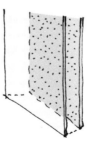

表面处理

耐候涂料，如在暴露的海洋气候下涂成黑色的木材；在含盐空气环境要采用镀锌钢；在强光和高温地区，双层玻璃要采用背漆或烧结玻璃

层的砂质土壤上，需要打桩才能获得稳固的基础；在淤泥质的海岸土地上，可以用架空支柱将建筑物抬高。用于支撑建筑物的技术方案会反过来影响建筑的外观和功能，就像葡萄酒的风土特性会影响其味道和气味一样。

创作方法

风土与创作方法有关的第一个方面是使用当地材料，这样做有三个优势：

- 当地材料通常很丰富，不需要海外运输。
- 当地工匠在处理当地材料方面经验丰富。
- 当地材料具有一种固有的场所感，使建筑物可以从地貌中"生长"出来。

苏格兰的阿伯丁（Aberdeen）被称为"花岗岩之城"（Granite City），其中心几乎完全由致密的银色岩石包围而成。另一个例子是一个典型的斯堪的纳维亚小镇，那里到处都是木结构建筑，建筑表面覆盖着来自周围林地的落叶松木或松树木材。还有非洲村庄的赤陶泥小屋，材料显然取自泥土。

其次，酿酒师在采收后作出的各项决定，如橡木的使用、浸渍的时间、与酒泥接触的时间，以及发酵过程中的温度等，都可能弱化或突出葡萄酒源自风土特性的某些方面。[3]

同样，建筑师也必须决定适当的建造方法，以展现风土的自然特征，在这方面，人类的经验和技能要与气候和地质的研究相吻合。悬挑的屋檐能防止阳光直射，并使屋顶空间通风吗？外立面是否需要额外的防水措施，以保护外墙不受风雨的侵袭？建筑的平面形式是否适合其居住者的文化行为和习惯？

"建筑原产地控制"

总之，建筑要拥有风土特色，就必须：

- 与所在场地的气候和谐共处，而不是与之对抗。
- 尊重并根据区域的特定土壤条件和地形进行适当的设计。
- 使用在实用意义和象征意义上都能突出建筑物地域性的材料、设计特点和施工技术。

这三个因素共同作用，赋予建筑一种独特的场所感。此外，风土特色在建筑中的价值还在于，我们的建筑将在技术上、空间上和美学上与其所处环境协同共存。

就像某个特定地区的每个葡萄园都会有自己的特点一样，尽管特定区域中会存在相似之处，但没有两个建筑物会是相同的。特定气候和场地的地质条件应该是很明显的——因此，建筑应强调并完善场地的微小细节，从而因地制宜地创造出单独设计的建筑，明显有别于其他建筑的建筑。

在建筑中实现风土特色既不是关于传统的问题，也不是通过盲目使用乡土风格来循环利用历史观念。相反，这一概念是一种方法，利用当地气候、地质条件和当地居民的集体知识，创造一种属于所在地区、也是为了所在地区的独特建筑。只有这样，我们才能真正地把我们的建筑贴上"建筑原产地控制"（architecture d'origine contrôlée）的标签。

无序

形式等于功能

disorder，无序，名词
源自拉丁语——ordinare（组织；即无组织、无序）
1. 缺乏秩序；混乱的状态。
2. 一种不规则性；与正常秩序体系的偏离。

　　建筑离不开秩序。有序的平面产生有序的空间、有序的流线、有序的功能、有序的人、有序的社会；从而形成一个有序的世界。整个建筑设计过程——从最初的响应到建造——是一个从无序中创造秩序的漫长过程。

　　几个世纪以来的每一种建筑风格都以秩序为核心，从古代的五种古典柱式，到现代主义的理性秩序形式，莫不如此。即使是巴洛克、哥特或粗野主义这样的风格，乍看起来似乎杂乱无序，但在平面布局和象征意义上都以理性为基础。勒·柯布西耶最热衷于秩序，他曾说过："基准线是建筑无法避免的一个要素。它是秩序所必需的东西。基准线可以避免任意性"。[1]

　　建筑环境中这种"必需的"秩序与自然界的混沌无序是不一致的。正如建筑师兼艺术家彼得·史蒂文斯（Peter S. Stevens）所言，"大自然不会预谋，她不会利用数学，也不会刻意产生图案。她让整个图案自己产生。大自然满足大自然的需求，她超越了责任与感性"。[2] 河流依其流经的地形而蜿蜒曲折；鸟儿自由地成群飞翔，鱼群随意地游弋浅滩，有时看似都毫无章法；海浪回应着波涛的力量和节奏；岩层反映着数百年的地震和化学过程。大自然的形式受环境、偶然性和意志的影响。

　　人也是如此——只要可以开辟一条更直接的路线，他们就会避开迂回曲折的指定路径；他们将大厅用作展览空间，也将展览空间用作大厅。他们把窗台当作长凳使用，也把图片钉在白墙上。人们把空间当作环境、机会和意志来支配，而无序最终会显示自己的威力。

　　建筑中的混沌是由多个独立的秩序元素以无序的方式组合起来而产生的；是出于功能上的需要创造出来的，不受学术性的美学设计感受力、时尚或品味的影响。水管、通风管道和电线等以最有效的方式在建筑物中穿过，建筑师则用悬吊的天花板将它们遮蔽起来；木材覆层会以一种自然但不可预测的方式风化，建筑师则试图用清漆和着色来延迟这一过程；棚户区从找得到的材料中有机发展起来，色彩缤纷，充满活力，规划部门则将其夷为平地；著名的纽约天际线是由众多独立的分区法形成的，而不是

无序 服务设施

无序 风化，瑞士圣本尼迪克教堂（Saint Benedict Chapel），彼得·卒姆托（Peter Zumthor）设计，1988 年

无序 自发的都市生活，里约热内卢普拉泽雷斯棚户区（Favéla do Prazères）

无序 纽约曼哈顿混乱的天际线（从布鲁克林大桥看过去）

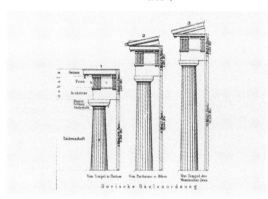

秩序 理想的爱奥尼克柱子比例

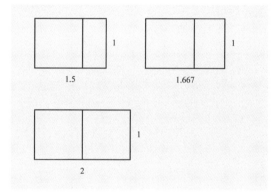

秩序 黄金分割比

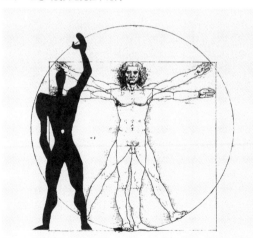

秩序 勒·柯布西耶的模度人（左）和莱昂纳多·达·芬奇的维特鲁威人（右）

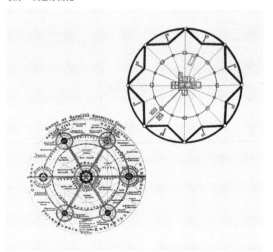

秩序 15 世纪和 20 世纪的理想城市——田园城市（左）和斯福尔扎（Sforzinda）城（右）

35

复杂性 美国得克萨斯州炼油厂

纯净性 澳大利亚新南威尔士州风力发电场

由单一、有序的建筑愿景创造出来的。所有这些例子都是由环境、偶然性和意志产生的。

　　建筑师所施加的秩序是后天习得的——已经受到教化、陈词滥调、时尚和偏见的影响。我们的设计基于其他建筑师对我们的教导，基于我们所养成的审美感受所告诉我们的；基于我们认为在特定的时间点应该设计什么。所有这些并非总是保持超然的客观性。简而言之，我们强加的秩序会束缚我们，使我们对当前真正问题的看法变得模糊。

　　伟大的建筑理论家和实践者们提出过许多不同的解决办法。贾科莫·巴罗齐·达·维尼奥拉（Giacomo Barozi da Vignola）告诉我们，应该以山墙（译注：此处应为基座）、柱身和檐部为 4 ∶ 12 ∶ 3 的比例建造柱子；克劳德·佩罗（Claude Perrault）则告诉我们这一比例是 4.5 ∶ 4 ∶ 3。[3]安德烈亚·帕拉第奥（Andrea Palladio）说，一个矩形

重复 美国加利福尼亚州太阳能发电厂

房间的长度应该是其宽度的 2 倍；后来又说长度可以为宽度的 1.25 倍；维特鲁威（Vitruvius）设计建筑是以 4 腕尺（1.83m 或 6 英尺）高的理想人为依据；勒·柯布西耶的通用比例则是基于身高为 1.75m（5 英尺 9 英寸）的模度人（后来修改为 1.829m 或 6 英尺）。安东尼奥·迪·彼得罗·阿韦利诺（Antonio di Pietro Averlino）根据占星几何学设计了理想城市斯福尔扎城；埃比尼泽·霍华德（Ebenezer Howard）则基于径向几何学提出了"田园城市"概念。在不同的时代，不同的思想施加了不同的秩序。

不过，缺乏秩序往往也是可取的。细长的、宽大的或不按比例来的建筑构件在构图中可能会引人入胜；一个不成比例的房间可以为我们的室内体验增添兴奋感。某些建筑（洞穴、大教堂、摩天大楼等）的非人性化尺度正是其令人兴奋之处；有时，不同用途的碰撞使我们的城市如此充满活力，魅力四射。

建筑师面临着一个难题；不可避免的无序削弱了他们作为组织者的作用，又几乎不可能为此进行立法或设计。也许，通常不需要建筑师施加秩序的建筑类型（军事建筑除外）只有工业建筑，工业建筑的设计要包含特定的流程，

经济性 日本东京电话天线塔   **尺度** 英国托内斯（Torness）核电站

其组成形式完全基于功能要求——因此，工业建筑往往会在视觉上显得无序，甚至是混乱。

　　在以前的美学和建筑理论中，工业建筑一直受到追捧。贝恩德（Bernd）与希拉·贝歇尔（Hilla Becher）夫妇以朴实的纪实照片展示了工业建筑未经雕琢的力量感和雕塑之美，而勒·柯布西耶则称赞这些建筑按照"规则"使用"基本元素"，是"新时代的瑰丽成果"。[4] 然而，勒·柯布西耶在 20 世纪 20 年代提到过的工业建筑，以及贝歇尔夫妇在 20 世纪 60 年代和 70 年代恋恋不舍地记录过的工业建筑，如今已成为过时的遗迹：带有并排筒仓的高耸谷仓，一堆滑槽和结构体交错在一起的高炉，头重脚轻的细高水塔，结构复杂、完全无视建筑秩序的煤矿塔——而且这些都不是由建筑师设计出来的。既没有采用抽象的"理想"比例，也没有追求设计成完美的"人性化"尺度，更没有刻意适应其所处的通常荒凉而乏味的景观。尽管这些构筑物现在可能在功能上已经变得无关紧要，但当今的工业建筑同样有着相似的尺度，同样作者不详，以及同样存在固有的功能无序性。

想一想炼油厂的复杂性，它们就像未来失落的城市一样不断出现；想一想风力涡轮机的纯净性，它们正主宰着乡村环境；想一想太阳能电池板中蕴含的无限循环的力量，它们就像成千上万个精心定位的星际通信设备一样；想一想巨大规模的核电站，它们完全无视所处的环境；想一想骨架般电信结构的经济性，它们正俯视着下方不那么空灵的风景。这些构筑物现在主宰着我们的景观，已然成为我们自己"新时代的瑰丽成果"。

这些构筑物在追求功能至上的同时，轻而易举地实现了传统建筑意义上的视觉无序。它们还具有无限的适应性：如果需要一座新冷却塔或一条新管道，或者旧的已被淘汰，就可以在不破坏整体视觉秩序的情况下进行改变——因为原本就没有任何秩序。这种视觉无序性与适应性的结合，是使这些构筑物如此令人敬畏的一个方面，也就是说，它们所具有的陌生性与我们习得的感受力背道而驰。

无序设计

从将无序引入设计这个角度来说，我们可以从工业建筑中学到以下几点：

• 比例与几何：不要被抽象的、不断变化的规则和比例所束缚——要让项目的决定因素来引导形式和空间的创造。

• 过程：让所需的过程来生成建筑形式，不受建筑秩序的干扰——尽量不要让习得的感受力遮蔽了建筑上的响应和解决方案。

• 尺度：不一定总是要按照"人的尺度"进行设计。最令人兴奋的形式和空间可能正是那些唤起我们相对虚无感的形式与空间。

• 文脉：不一定总是要尊重文脉。不要低估了并置的力量，我们的建筑物并不总是需要模仿或适应周围环境。视觉张力不是什么可怕的东西。

我们不能简单地根据所习得的假设和个人偏好来组织功能。相反，我们必须以最基本和最经济的方式来设计我们的功能——如果这会导致无序，那就顺其自然吧。从表面上看，上述方法似乎只是"形式遵循功能"这一现代主义古老格言的变体，在这句格言中，"遵循"（follow）一词意味着形式追随于功能之后，二者不会一起演进。其实不然，这种方法是基于从工业建筑中学到的经验教训，它消除了追随的思想，那是建筑秩序先入为主的额外一层含义。在这种方法中，形式等同于（equals）功能。

记忆
建筑烙印在记忆里，记忆根植于建筑中

memory，记忆，名词

源自拉丁语——memor（留意的，记住的）

1. 大脑记住和回忆过去的事实、事件、感觉、思想、知识、经验等的能力。

2. 记住和回忆这些过去的事实、事件和感觉的行为。

3. 个体所拥有的这种能力。

4. 记忆和回忆发生的时间。

5. 对某一事件、思想、经历或人物的具体回忆。

6. 被纪念的行为；纪念活动（尤指死后）。

7. 材料和系统显示依赖于过去的影响和处理而产生效应的能力。

8. 材料和系统在变形后恢复原状的能力。

"童年如同遗忘的火种，永远能在我们身心中复萌。"[1]

——加斯东·巴什拉（Gaston Bachelard）

我们藏身过的橱柜，我们骑自行车经过的小路，我们坐过的楼梯——对建筑空间的早期体验对我们产生了深远的影响。我们几乎从出生开始就看到事件、人和物体与建筑环境交织在一起，从而形成了我们成年后对建筑环境的态度。我们创造的建筑和空间充满了从童年开始就自觉或不自觉地积累起来的图像、情感和兴趣。记忆滋养着我们的建筑，建筑也滋养着我们的记忆。

个体记忆

1962 年，克里斯·马克（Chris Marker）拍摄了电影《堤》（*La Jetée*），讲述了一个男人的故事，他"深深铭记着其童年时期的一幅图像"。[2] 这个男人在虚构的第三次世界大战后在巴黎被捕，他被送回过去，去拯救人类免于毁灭。那些能够在脑海中保留强烈心理意象的人被选中参加这项任务——因为只有当他们能够以具体的方式想象或梦见另一个时代时，他们才能在那个时代生活。这名男子被"一幅过去的图像牢牢地吸引住"，经过几天的实验，"图像开始浮现，就像忏悔一样"。其心理意象的力量来自他对物理环境的体验——建筑已经深深地烙印在他的记忆里。这部影片的结尾聚

电影《堤》（1962 年）
奥利机场观景台，电影主人公返回的地方；这个非场所因为其中发生的事件而变得令人难忘

焦于这个男人过去的一幅特殊图像：那是奥利机场观景台，即 *la Jetée*，孩提时代的他在那里目睹了成年的自己穿越时空的死亡。

　　人类学家马克·奥格（Marc Augé）将机场归类为非场所（"不能被定义为关系性、历史性或与识别性有关的地方"[3]）；然而，通过这个男人对《堤》中那个地方所发生事件的记忆，这个"非场所"变得独特而生动：他脚下沉闷的混凝土格子像一个灰色的棋盘；上面悬挑的混凝土挑檐似乎是为监视下面的事件而设计的；骷髅似的桅杆怪异地审视着一切；平板玻璃上反射着黑色金属栏杆。他对事件的回忆永远与建筑物的空间形式和细节联系在一起；反过来，建筑物和空间也永远产生着对事件的记忆。这种联系在电影《堤》中尤为重要——作为一个成年人，只有通过体验童年记忆中的物理空间，他才能开始将发生的事件拼凑起来。

41

扎伊拉（ZAIRA）城　一座在空间量度和过去事件之间存在种种关系的城市

集体记忆

　　伊塔洛·卡尔维诺（Italo Calvino）在其虚构的关于马可·波罗（Marco Polo）以蒙古帝国各大城市奇闻轶事取悦忽必烈（Kublai Khan）的描述中，进一步从更加城市而非个人的层面阐述了空间与记忆之间的相关性。在他的《看不见的城市》（Invisible Cities）一书中，我们可以看到一段关于扎伊拉城的内容："……我可以告诉你，高低起伏的街道有多少级台阶，拱廊的弧形有多少度，屋顶上覆盖着什么样的锌片；但是，这其实等于什么都没告诉你"。[4] 卡尔维诺并不关注构成街道的台阶或拱廊的弧度，也不关注屋面瓦片的类型，而是关注"她的空间量度与历史事件之间的关系"。[5] 他将其描述为一系列相互关联的物体、事件和体验，细节清晰：灯柱的高度，它与相邻栏杆的距离，屋檐排水槽的倾斜度，打开的窗户的比例——所有这些都成为塑造城市的事件和故事的重要组成部分。与此同时，城市也包含着它的过去，"像手纹一样，被写在街巷的角落、窗格的护栏、楼梯的扶手、避雷的天线和旗杆上，每一道印迹都是抓挠、锯挫、刻凿……留下的痕迹"。[6]

　　卡尔维诺强调事件、建筑和作为实体的城市之间的对话，又反过来强调城市像海绵一样"吸收"记忆并扩展记忆的思想——即记忆滋养了城市。他告诉我们，任何一座城市的结构都与它的过去有着千丝万缕的联系：每一扇门、

每一扇窗、每一块铺路石、每一道格栅，都是由这座城市所发生的事件和城市中的人的行为所维系的。我们可以把记忆想象为城市的命脉，是其成长和扩张的源泉。

如果我们想想卡尔维诺对城市结构的生动描述，即城市的"锯挫和刻凿"，我们应该还会推断出这些对城市是至关重要的。建筑师应该尊重建筑或城市的各个方面，评估哪一方面具有内在价值或更能加深记忆。设计方法应该着眼于保留空间与其过去事件之间的特殊关系。

在柏林新博物馆（Neues Museum），大卫·奇普菲尔德（David Chipperfield）利用老博物馆烧焦的半废墟状态作为基础，探索并增加关于这座建筑的记忆。现存建筑（在第二次世界大战中被部分摧毁）的每一处残存部分均被保留下来，并得到精心修复，增建的元素为博物馆带来关于过去、现在和未来的记忆。甚至还保留了弹孔。这正是卡尔维诺肯定会赞同的方法，创造出了永存在记忆里的建筑。

对建筑师来说，第二个借鉴是记忆滋养了城市扩张的理念。我们必须认识到持续不断的记忆和事件在城市生活中的重要性，以及我们在设计接纳和管理这种连贯性的容器和空间方面的关键作用。如果我们设计的结构和空间与现有元素的肌理背道而驰，没有经过恰当的考虑，我们就有可能使其与城市的集体记忆脱节。

中央入口的新基座
柏林新博物馆，大卫·奇普菲尔德设计

　　在设计新建筑时，应该对街道网格、城市街区、当地建筑类型和屋顶景观等进行周密的分析和评估。它们包含着一个城市过去的记忆，我们不应该为了创造一个新的、没有联系的未来而回避这些记忆（就像世界上的许多城市那样，它们以牺牲城市肌理为代价，拥抱了汽车的未来）。每一代人都应该为城市增添一层属于他们自己的记忆，而不是任意抹去过去几代人的记忆。

住宅——个体记忆

　　正如巴什拉所言，"我们的房子是世界中的一角……它是我们最初的宇宙"。[7] 然而，这个"最初的宇宙"并不一定会在物质或象征意义上影响我们的建筑。如果我们住在一个有瓦屋顶或木镶板的房子里，这并不一定意味着我们设计的建筑将使用这些主题，

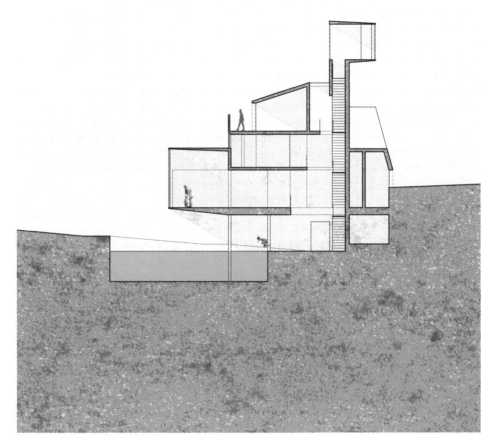

而是在体验的意义上影响我们——即通过将建筑与形成记忆的事件结合起来的方式。

　　巴什拉指出，"回忆是静止的，它们与空间的联系越牢固，就越美好……如果房子稍微精致一些，如果它有地窖和阁楼，有角落和走廊，我们的回忆所具有的藏身处就更好地被刻画出来"。[8] 从本质上说，这意味着一栋房子里的空间越明确、越复杂、越令人难忘，它就越能印刻在我们的记忆中，我们的记忆也会越融入其中。巴什拉将"梦幻之家"或人们的梦想之家（不是在物质的、理想化的意义上）与童年时期的房屋联系起来，他说，童年之家已经"在我们心中印刻了各种住宅功能的等级"。[9]

　　但是，这些抽象的哲学概念如何转化为真实的建筑和实实在在的体验，从而影响我们成年后的空间观念呢？我们设计的房屋如何从幼年时期就培养和巩固关于建筑的积极而丰富的体验？也许，一个理想的、童年时期的梦幻之家应该具有以下属性：

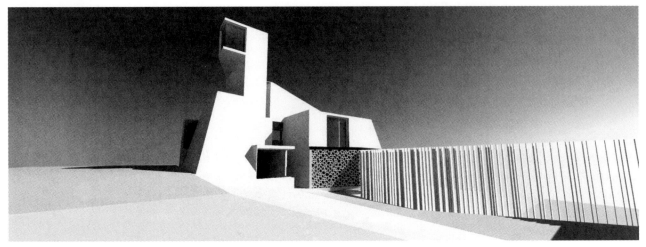

独特性与复杂性　简单而独特的形式创造出令人难忘的组合

——垂直性与层级结构

梦幻之家应该有根，还要努力伸向天空。它的垂直层级空间容纳了刻在我们身上的家的功能。有可以下去的地下室，有可以上去的阁楼；有可以登上去反省的楼梯；有可以沉思、发呆、恶作剧和反省的分隔空间。住宅的重心是厨房；起居区和卧室是住宅的心脏，是舒适而熟悉的核心。

——独特性与复杂性

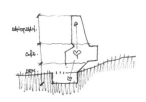

独特、复杂的空间更容易与记忆建立联系。对于一个孩子来说，这可以通过许多方式体现出来：卧室里是否有形状完美的凹角，可以躲进去生闷气；或者，餐厅的窗户是否有一条足够深的窗台，可以靠上去看着外面的雨滴落下来；或者，楼梯台阶是否以某种方式逐渐变窄，既可以有地方坐下来，又可以让人们上下通行；或者，阁楼地板上未完工的托梁是否间距够大，可以正好间隔一大步。家与想象力相结合，形成了对居住空间的记忆。尽管住宅复杂性从未完全失去，但由于复杂性逐渐降低，我们也降低了其创造记忆的能力。

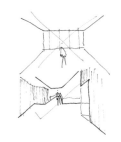

——庇护

在遭受恶劣天气侵袭时，住宅最能发挥其原始功能，即提供庇护。正是在狂风暴雨和大雪纷飞的时候，我们最能感受到与住宅融为一体的感觉，这时住宅几乎展现出一种近乎母性的庇护能力。通过以这种方式与房屋相联系，在墙壁和屋顶的围护中获得舒适感——这样我们就参与了共享事件的创造。我们记得飓风来袭时房屋如何痛苦地呻吟；我们记得倾盆大雨中房屋的排水槽如何噼啪作响。作为建筑师，在思考我们所设计住宅的坚固性和稳定性时，我们必须培养这些记忆。

庇护、角落与弧线 坚固的结构和框景加强了围合性；空间深度带来多个角落"安乐窝"

——角落

在理想的梦幻或童年之家中，角落是必不可少的。角落可以轻而易举地限定空间——包括空间的界限、延伸、阴影和惊喜。精心处理建筑的角落，可以引导居住者在开敞的空间中继续穿过，或者在封闭空间的特定位置驻足休息；可以提供两个方向而不是一个方向的看向外面的视野；或是可以使起居区在一天的不同时段接受阳光。在内部，角落可以给人一种围合的感觉，具有类似安乐窝一样的特性。尤其是弧形的转角，巴什拉将其形容为"居住的几何学"，欢迎并邀请我们留下来——与生硬的、棱角分明的角落正好相反，那种角落不欢迎我们。[10] 通过限定和围合空间，角落也限定和封存了创造于空间内部的记忆。

正是这些关键因素才会创造出印刻在记忆中的房屋——更重要的是，这些记忆也印刻着房屋的种种特性：它的空间层次、它的独特性、它的庇护能力以及限定和围合的能力。我们必须把这些相互关联的空间和体验记忆带入我们为他人所做的设计中。

游戏——形成性记忆

"生成和消失，建设和破坏，对之不可做任何道德评定，它们永远同样无罪，在这世界上仅仅属于艺术家和孩子的游戏。如同孩子和艺术家在游戏一样，永恒的活火也游戏着，建设着和破坏着，毫无罪恶感。不是犯罪的诱惑力，而是不断重新苏醒的游戏冲动，召唤另外的世界进入了生活。"[11]

——弗里德里希·尼采（Friedrich Nietzsch）

游戏代表了我们对物理空间的首次探索。垫子和粉笔线划定了我们的界限；台阶、

积木大楼
伦敦蛇形馆（Serpentine Pavilion），
BIG（Bjarke Ingels Group）建筑师事
务所设计，2016 年

机械部件套件 麦卡诺（Meccano）模型

机械部件套件 巴黎蓬皮杜中心，理查德·罗杰斯、伦佐·皮亚诺设计，
1977 年

　　　　　　第1章　评估

小屋和滑梯提供了可通航的避难所或有利位置；我们的玩具是我们在空间中创造空间或物体、并体验其触觉特性的第一步。尼采转述赫拉克利特的这段话对阐释孩子游戏时的创造性放弃至关重要。像艺术家一样，孩子为了创造而创造——他们都是自己创造的小王国和宇宙的主宰者。

这种创造性的放弃感对于发展我们在创造环境方面的偏好至关重要——游戏是这一空间发现过程的第一步。许多建筑师有意无意地在所设计的建筑和空间中融入了童年玩具的特性，这并非巧合。理查德·罗杰斯的麦卡诺式（Meccano-esque）美学，即暴露结构骨架和表现原色；诺曼·福斯特的光滑的太空时代（Dan Dare）建筑；比亚克·英格斯（Bjarke Ingels）事务所的超大算法乐高大厦；还有许多日本建筑师受到日本儿童通常学习的古代折纸艺术折叠作品的启发——所有这些建筑师的作品都受到了他们最初创造的结构和空间的影响。

几个世纪以来，约翰·洛克（John Locke）和弗里德里希·福禄贝尔（Friedrich Froebel）等哲学家和教育家们一直将积木视为儿童早期发展的关键组成部分。[12]福禄贝尔甚至自己为孩子们设计了一套玩具，来培养他们对色彩、形式和运动的感觉，同时还让他们自由地创造他们自己的结构和环境——即他们自己的秩序感和美感。弗兰克·劳埃德·赖特曾将这些玩具积木作为自己的灵感来源："有好几年，我都坐在幼儿园的小桌旁……玩着……立方体、球体和三角形——那些光滑的枫木块……直到今天仿佛还在我的指尖……"[13]

关于玩建筑玩具益处的研究发现，这种游戏能培养的能力几乎不计其数：专注力，精细运动技能（大脑与运动之间的联系），空间意识，重力与平衡感，探索形状、重量、质地和大小，了解物体特性，合作和共享，等等。这些也正是优秀建筑师必备的素质。

与许多其他职业相比，童年游戏和它创造的记忆和培养的技能之间的联系与建筑师角色的联系更为紧密。一个三岁的孩子不可能探索外科手术的种种复杂性，然而，同一个孩子却有能力排列几何形状和创造空间。一个三岁的孩子不可能确切地知道如何将不同的化学物质混合制成一种化合物，但是他们可以对颜色和纹理产生反应，或者在学前班学会与其他孩子合作搭建结构。虽然在成为建筑师的日常实践中有许多限制，孩子在玩耍时对此是无法理解的，但基本的结果——对空间、形式、色彩、几何的探索以及最终美的创造——则是一样的，孩子们在地毯上排列和堆叠形状，就像建筑师用软木和切割刀创作一个比例为 1 ：50 的模型一样。

对所提供的材料和参数的原始响应，以及一个结构、空间或符号的形成，在根本上是相同的。我们童年时对空间、形状和颜色的反应，与我们成年后的建筑创作息息相关。我们的记忆和小时候学会的技能都印刻在我们的建筑中。通过个人经历、集体事件、住所和认知游戏，记忆具有影响建筑和受建筑影响的能力。这是一个难以磨灭的标记与寻踪相互作用的过程，在这一过程中，记忆和建筑相互融合，并相互影响。

梦幻之屋　英国赫特福德郡（Hertfordshire），J. 泰特设计，2014 年

　　　　　　　　　　　　　第1章　评估

功能

同样的形式，不同的功能

function，功能，名词

源自拉丁语 —— fungi（履行）

1. 个人、事物或机构特有的行为或目的；设计某物的用途或作用。

2. 与其他因素相关或依赖于其他因素的因素。

　　同形异义词（Homograph）是指拼写相同但有多种含义的词，例如：bow，弯曲、顺应、武器、乐器、曲线；lead，指明道路、发起、成为第一、起主要作用、联系、一种金属等。建筑学也充满了我称之为"建筑同构"的东西，即具有形式相同但功能不同的建筑。

　　几个世纪以来，建筑形式传达了建筑的用途：外在形式和意义之间有明确的对应关系。[1] 教堂被公认为有十字形平面、尖顶、穹顶或后殿；典型的博物馆或图书馆使用古希腊或古罗马建筑元素（柱子、门廊、山花）来彰显城市的宏伟感。这些符号构成了建筑的整体审美体验[2]，通常不能在不同的建筑意义之间互换，而且现在仍然植根于我们的内心深处。地图上的符号通常显示，教堂有十字形的平面，露营地看起来像圆锥形的帐篷，博物馆由两侧有两根柱子的山墙组成，城堡有护城河和城墙。这样，建筑就被简化为形式上的、字面上的象征意义。

　　然而，到 20 世纪初，建筑作为象征的观念受到阿道夫·路斯（Adolf Loos）、瓦尔特·本雅明（Walter Benjamin）和恩斯特·布洛赫（Ernst Bloch）等建筑师和哲学家们的挑战，他们更喜欢抽象和寓言（allegory），而不是直译主义（literalism）和象征主义（symbolism）。正如建筑理论教授希尔德·海宁所言："通过寓言（allegorical）的方式……能指与所指之间不存在固有的联系：在寓言（allegory）中，来源相异的不同元素互相关联，并且被寓言家（allegorist）赋予了外在于构成元素的象征关系"。[3]

　　然而，哲学只是刚刚赶上现实。在 20 世纪初，纽约向上扩张，造就了第一批摩天大楼，这些摩天大楼在一个建筑围护结构内容纳了许多功能。这些建筑物不再仅是其意义的象征，因为它们具有多重、相互矛盾的意义。相反，它们变成了寓言式的——这是一种令人兴奋的组合，混搭着欧洲风格的比喻、曼哈顿的区划法和通过重复而实现的高度。通过纽约的实用主义现实和现代主义思想家们的哲学，建筑形式的无限可能性出现了。正如雷姆·库哈斯（Rem Koolhaas）所言："在容器与容物故意的龃龉之中，纽约的建造者们发现了一片前所未见的自由领域"。[4]

　　这些理论和实践的发展为现代主义建筑师带来了前所未有的形式许可。建筑形式

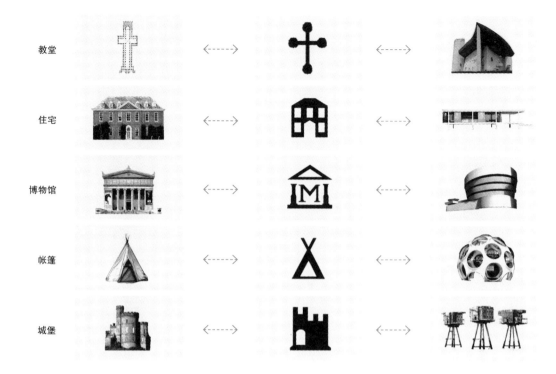

教堂			
住宅			
博物馆			
帐篷			
城堡			

不再被视为一种直白的交流工具，建筑可以通过内部空间的布置、与环境的关系以及建筑师的审美眼光来决定，而不必归因于符号代码。这使得激进的新形式出现：小教堂（勒·柯布西耶的朗香教堂）可以是一种甲壳类动物的形式，回应着周围景观的"视觉声学"；[5] 住宅（密斯·凡·德·罗的范斯沃斯住宅）可以是一个漂浮的白色亭子，介于建成形式和大自然之间；博物馆（弗兰克·劳埃德·赖特的纽约古根海姆博物馆）可以是一个空间螺旋体，仿佛螺旋式上升的"不中断的波浪"。[6]

不同的建筑类型不被各自的能指所束缚，开始共享相似甚至相同的形式。现代主义赋予建筑师为一切用途创造一切形式的自由。然而，这种跨类型的重复设计能力和美学原则也可能受到限制，从而导致某种程度的贫瘠性和同质性。城市不再像具有层层内涵的标志那样清晰可辨。

当代的建筑同构

源自激进主义和进步的建筑同构自其诞生之初就大量涌现。虽然建筑同构是作为现代主义建筑师坚信技术、形式和空间具有种种可能性的副产品而出现的，但今天许多建筑师却恣意而心照不宣地使用着建筑同构，表现为三种主要方式：

现代主义		
建筑物	相似点	建筑物

塔楼
底座

‹----------------------›

办公楼 纽约利华大厦（Lever house），1952 年

酒店 哥本哈根斯堪的纳维亚航空皇家酒店（SAS），1960 年

装有玻璃的蝴蝶形式
红砖

‹----------------------›

礼堂 赫尔辛基 TKK 礼堂（TKK Auditorium），1964 年

图书馆 剑桥大学历史系图书馆（History Faculty），1968 年

玻璃塔楼
黑色金属窗间墙
顶部细长
混凝土基座

‹----------------------›

办公楼 曼彻斯特 CIS 大厦（CIS Tower），1962~1964 年

大学 设菲尔德大学艺术楼，1965 年

重复		
建筑物	相似点	建筑物

Kawneer® AA®
201 单元式
幕墙

<--------------------->

灯塔　阿伯丁海上作业塔（Maritime Operations），2006 年　　　　　　　　　　　**住宅**　肯特郡码头大厦，2009 年

Trespa® Meteon®
高压层积
覆面镶板

<--------------------->

购物中心　巴拉卡尔多 MegaPark 建筑，2004 年　　　　　　　　　　　**大学**　贝尔法斯特大学建筑系，2009 年

Techcrete®
耐酸性
预制混凝土板

<--------------------->

学院　加特喀什犯罪学院（Crime Campus），2014 年　　　　　　　　　　　**办公楼**　格拉斯哥苏格兰电力大楼，2016 年

复制		
建筑物	**相似点**	**建筑物**

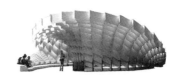

波状 / 云状形态
数字化制造模块，桦木

市场 + 购物广场 塞维利亚都市阳伞，2004 年（概念）　　　**亭子** 伦敦建筑联盟学院夏季馆（AA Summer Pavilion），2008 年

球根状形态
金属圆片覆层

百货商店 伯明翰塞尔福里奇（Selfridges）百货公司，2003 年　　　**博物馆** 墨西哥城索玛亚博物馆（Museo Soumaya），2011 年

随机排列的窗户
倒棱形洞口
预制混凝土

音乐厅 莱昂礼堂（Auditoria），2002 年　　　**学校** 伦敦伯恩伍德学校（Burntwood School），2014 年

自我放纵型		
建筑物	相似点	建筑物

自由的形状
层层叠叠
钛金覆层

博物馆 毕尔巴鄂古根海姆博物馆，1995 年

音乐厅 洛杉矶迪士尼中心，2003 年

碎片形状
立面有斜角凹槽
金属覆层

博物馆 柏林犹太博物馆（Jewish Museum），2001 年

大学 伦敦研究生中心（Graduate Centre），2004 年

简单的穹顶形状
轻型框架
大面积玻璃

观测台 柏林德国国会大厦（Reichstag），1999 年

政府建筑 伦敦市政厅，2002 年

重新装饰

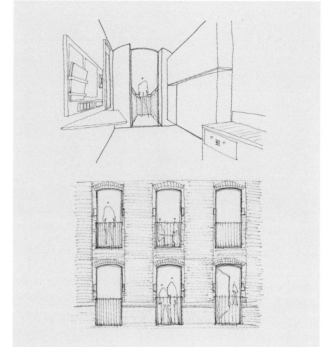

彻底改造

——重复

建筑过程标准化使建筑的经济性变得至关重要，而且现在建筑师可以很容易地将建筑组件用于多个项目中，而无需考虑其是否适合某一建筑类型。销售代表们说服建筑师在尽可能多的项目中使用他们的产品，网站上又有无数关于建筑同构的佐证，这些都助长了某些趋势的出现。与此同时，建筑师在知道某个特定产品在另一个（或许是非常不同的）项目上取得了成功后，就躲在他们自己的舒适区里进行设计，盲目地组合相同组件来解决完全不同的设计问题。

——复制

参考范例通常会导致建筑上的照搬照抄。建筑师可能会从某种类型的建筑中汲取灵感，并将其应用到另一种建筑中，在此过程中就产生了建筑同构。例如：2008年的伦敦建筑联盟学院夏季展馆是西班牙塞维利亚都市阳伞的缩小版，后者是尤尔根·梅耶（Jürgen Mayer）于2004年设计的，包括一座博物馆和市场；2011年竣工、由费尔南多·罗梅罗（Fernando Romero）设计的墨西哥城索玛亚博物馆，直接借鉴了未来系统公司2003年在英国伯明翰推出的塞尔福里奇百货商店的球根形和金属圆片立面；

普艾尔塔·格拉纳达
（PUERTA GRANADA）

"遵循隐喻的理念，我们研究了格拉纳达的经典纪念性空间序列——阿尔罕布拉宫（the Alhambra），并综合了人们很容易联想到的有伊斯兰影响的空间类型。基于相同数学模块变化的几何图案装饰在一系列广场中展开，沿着购物中心通道形成不同的天窗棱镜，其中有的采用蜂窝状拱顶，有的采用钟乳石拱顶……[都带有]锥形万花筒般膜片，所有这些都用白色灰泥精雕细琢而成。"宣传资料。

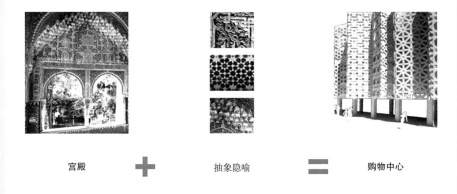

宫殿　　　＋　　　抽象隐喻　　　＝　　　购物中心

特罗法零售园区
（TROFA RETAIL PARK）

"工厂丰富而生动的社区回忆使建筑物在建筑和地方特色方面得到了升华。方案保留了建筑的完整性，同时图形元素则强调了地方历史遗产的工业美学，无论是在轧钢外墙、字体和色彩上，还是在以前的水箱上，现在都重生为城市标志。"宣传资料。

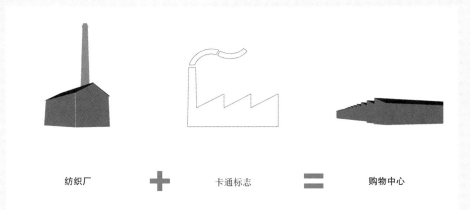

纺织厂　　　＋　　　卡通标志　　　＝　　　购物中心

水晶购物中心（CRYSTALS）

"水晶购物中心就像它自己的大都会……本身就是一日游……除了高端零售店，您还会有许多机会在时髦的设备前拍照……水晶购物中心有一棵真的芦荟树，有五颜六色的鲜花'地毯'，甚至还有一个供用餐者坐下来享受美食的树屋装置。看看外面，看看水晶购物中心和艾瑞亚酒店之间的'袖珍公园'。在树木和亨利·摩尔的'斜倚的连体形（Reclining Connected Forms）'雕塑中享受宁静的时光。我们甚至还没谈到购物呢。"

丹尼尔·里伯斯金设计的丹佛艺术博物馆（2006年）所采用的形式与其水晶购物中心并置（2009年）

艺术博物馆　　　　　　　　　　购物中心
高雅文化　　　　　　　　　　　通俗文化

巴黎老佛爷购物中心（GALERIES LAFAYETTE）
奥斯曼尼昂（Haussmannian）街区巧妙地容纳了购物的功能。地面以上的建筑物与其功能几乎是矛盾的

费城金贝尔大楼（GIMBELS）
建筑物坐落于交叉口的繁忙转角处，弧形处理以及沿周边向街道开放使其位置优势最大化，而传统上转角应该是正交的

AHMM 事务所于 2015 年在伦敦设计的伯恩伍德学校，则是向曼西拉（Mansilla）和图昂设计的西班牙莱昂礼堂致敬，后者于 2002 年落成。

当然，这些例子可能出于巧合，也可能是隐藏的建筑记忆在设计响应中不经意地表现出来。然而，由于当前建筑形式的多元性，又缺乏统一的建筑风格，再加上建筑图像的即时可得性——仅是巧合似乎不太可能。

——自我放纵型

一旦建筑师达到了一定的地位，他们就会以某种类型或风格的建筑而闻名——那种类型或风格就成了他们的正式标签。弗兰克·盖里（Frank Gehry）的标签是自由形式的金属层；丹尼尔·里伯斯金的标签是棱角分明的金属碎片；诺曼·福斯特的标签是简单形式的结构骨架。大屠杀纪念馆的那些凿痕和斜线怎么会如此轻易地摇身一变成为大学建筑呢？我不想争辩什么，这就是一种跨多个项目的风格滥用。由于相信他们自己的炒作，建筑师们可以不根据建筑物的用途、环境或目的来创造形式，而是根据他们所认为的公众和客户的期望来创造形式。

也有许多建筑师达到了如此高的地位，但避开了标签式建筑的理念，其中包括：妹岛和世与西泽立卫（SANAA）、赫尔佐格与德梅隆（Herzog & de Meuron）以及 OMA 事务所等。他们的建筑反而表现出一种固有的敏感性，这是一种既将建筑实践作为一个整体，又针对每个设计挑战提出解决方案的方法。

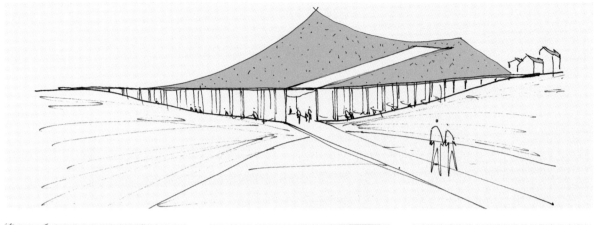

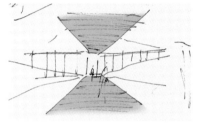

1. **入口** 所处位置地形起伏，延伸的顶棚提供了遮蔽，清楚地表明入口

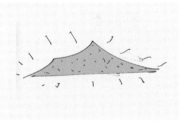

2. **拱廊** 大型玻璃橱窗展示商品，下沉走道给人一种围合感，并使建筑物与地形相呼应

3. **屋顶 / 能指** 屋顶摆脱了地面的束缚，作为一种标志起到了象征性和功能性装置的作用，并让光线照射到内部中庭；屋顶呈锥形，以适应周围环境

利用建筑同构

不仅那些设计建筑的人利用建筑同构，委托设计的人也在利用。

——机会主义

建筑设计委托者（政府官员、开发商、其他私人客户）意识到不再需要每个建筑类型的显性象征，现在建造的是通用的办公楼和住宅楼，它们形式统一，经济合理。同构成为建筑设计的安全网，用来防范与非通用性建造相关的费用和风险（真实的或可感知的）。这些客户知道哪些建筑形式、材料和施工方法最省时、最省钱——并将它们应用于多个项目。

建筑同构最为投机取巧的用途，可能就是获得一种建筑类型，然后再纯粹为了资本收益而将其转换为更有利可图的建筑类型。一间牢房只粉刷一点涂料、配几件家具就变成一间宿舍；曾经繁荣的工厂变成了时尚的米其林星级餐厅；办公室眨眼间变成了商店，不需要对建筑形式做任何改变。在每种情况下，这都不是对旧建筑适应性的证明，而是对建筑市场力量的证明。如果零售空间被认为比办公空间更加有利可图，那么建筑就必须是零售功能。建筑沦为冷酷无情的商业交易。

旧建筑确实应该被重新利用，被赋予新的功能，从而创造出与其过去相联系的多层次、多样化的城市。然而，我们也必须了解我们在建筑向建筑同构转变中所扮演的角色。我们是不加思考地帮助开发商将建筑简化为生硬的商业交易，还是应该通过设计和我们的角色意识来挑战开发商们的动机呢？

我们可以采取两种方式来实现后者：彻底改造和分层处理。要重新利用建筑，但不要一味地遵循旧的形式来创造新的功能。要确保建筑是经过调整的；要根据用途重新设计空间。以整个英国都在讨论的将监狱改造成学生宿舍的案例为例：[7]

- 将小得令人窒息的窗口扩大，形成通高洞口。
- 增加新的轻型阳台，与通高窗洞相连，从而扩展空间的可用面积。
- 安装一张可折叠到墙上的床，为白天的活动提供更多空间。

这三个简单的改造策略将引入更多的光线，增加更多的空间——从而将一个不可接受的建筑同构体变得可以接受。分层处理是通过尊重和保留旧建筑的重要特征，但在形式中添加新元素来表达新用途而实现的。

增加窗户高度和增设阳台也具有象征意义，意味着建筑不再是一座监狱。监狱是不会为囚犯提供通高的玻璃窗或阳台的。私人阳台是住宅建筑的显性象征，从巴黎的公寓楼到迪拜的高层建筑，多种居住建筑类型都在使用。

增加窗户高度和增设阳台也为建筑叙事增添了新的内容。在确保建筑现有的关键特征（砖拱、石梁）得以保留的同时，添加新的元素，从而产生新的建筑面貌，既有用途改变中的多层历史，又不影响其新功能。

——欺骗性

建筑同构性的最后一个方面是欺骗性：即故意使具有某种功能的建筑看起来和感觉起来像是另一种建筑类型，以吸引使用者在那里花费更多的时间和金钱。建筑作为一种欺骗手段并不是什么新鲜事——从帕提农神庙弧形圆柱的视觉校正，到拉斯维加斯 24 小时无窗赌场对时间的操控，但是把建筑同构作为欺骗手段还是最近才出现的。

2002 年，库哈斯描述了购物活动如何侵入所有的建筑类型。人们发现，博物馆、机场、火车站、大学甚至医院都为零售业提供了可观的建筑空间，在设计上也极为重视。[8] 现在，相反的情况也发生了：所有的建筑类型都侵入了购物中心，使购物中心看起来像是别的东西。这种"新型"购物中心是为那些"现在正在寻求真实性以及与他们的社区、文化、气候和日常生活之间有更深入联系"[9]的消费者（绝非普通人或公民）而创造的。资本主义发展到通过不同的手段来维持资金的流动。

西班牙格拉纳达的一个购物中心由于拥有"使用相同几何图案的立面"而成为阿尔罕布拉宫的翻版。[10] 葡萄牙的一个购物中心则被设计得看起来像一座工业建筑，参考了当地的纺织生产历史，采用了包覆金属、形状过于简单的锯齿形屋顶。这种形式和材料都不是当地原有的。还有在拉斯维加斯，里伯斯金工作室（Studio Libeskind）设计了一座购物中心，旨在模仿整个城市，内部有真实的树木、公园、私人广场和雕塑，在外观形式上则让人联想到建筑师以前设计的剧院、美术馆和博物馆——让人"感觉它好像根本不是一个真正的购物中心"。[11]

购物中心就这样被设计成看起来本土化而且熟悉的假象：即复制了更古老、更诚实的建筑类型和空间。正如海宁所说："资本主义将生活掏空，将因希望而产生的活力误导成为一种毫无意义的对虚无价值的追求。在建筑中可以观察到这种现象，一幅无精打采的景象"。[12] 与现代主义摆脱象征主义的束缚相反，这些建筑现在重新创造了一个虚假的象征来诱惑和吸引顾客。

确保真实性

针对这一点，建筑师应该如何处理这一难题，即设计一个像购物中心一样的建筑，而不产生缺乏真实性的建筑同构呢？

——宣扬用途 / 目的

纽约、伦敦和巴黎的大型百货公司通过使用其他建筑类型的元素，来宣扬功能：用于人员流动的自动扶梯；用于导航的中庭；用于提高认知和感受的天窗。在街道层面，利用关键的建筑手段来提示建筑物的功能：大面积的玻璃橱窗可以进行精致的橱窗展示；延伸开的檐篷和遮阳篷为顾客提供庇护，并提示入口；无缝设计的广告增强了整体效果。许多这样的元素在今天的购物中心依然存在，但现在却笼罩在虚假的象征之中。

——呼应文脉（context）来生成形式

由于摆脱了吸引公众的义务，百货公司在地面以上部分是典型的建筑同构。这不是旨在欺骗的同构体，而是一种与文脉相呼应的同构体，通过尊重当地的屋顶轮廓、街道网格和立面节奏，与城市肌理融为一体。

与其使用欺骗性的隐喻来生成建筑形式，不如利用文脉中真实的物理和社会指标：地形、地面条件、周围建筑物、日照、气候、通道、交通和功能等。通过挑战我们自己的设计方法和客户的动机，我们可以改变建筑同构，使其更适合功能，也更能反映功能。我们可以摒弃机会主义、僵化和欺骗，从而建造目标明确、与众不同和诚实的建筑。

形式
同样的形式，不同的场所

form，名词

源自拉丁语——forma（塑造）

1. 由颜色、材料、质地、结构等区别出来的物体的形状或外观。

2. 人或事物表现自己的具体方式。

3. 特殊的种类或类型。

4. 作品（文学、音乐、艺术等）的编排和创作方式；其协调能力和结构。

在希腊神话中，普罗克汝斯忒斯（Procrustes）是一个强盗和小偷，他引诱从雅典到伊琉西斯（Eleusis）旅行的陌生人到他家里。他会邀请那些不知情的受害者过夜，给他们提供特殊尺寸的铁床，然后进行标准化施虐。如果受害者身高比床短，普罗克汝斯忒斯就会拉长他们；如果受害者身高比床长，他就会把他们砍短，以便适应床的大小。普罗克汝斯忒斯不关心也不承认人与人之间的差异及其不同的形式，而是强迫他们遵守一个严格且最终不相容的标准。

"Procrustean"一词就是基于这个神话人物，意思是"倾向于通过暴力或武断的方式来产生一致性"。在建筑师的协助和教唆下，我们的许多城市都受到房地产开发商"普罗克汝斯忒斯"（Procrustean）式开发的影响——一刀切的城市化。这种情况已经存在了数十年，而且这种趋势毫无减弱的迹象。这种对一致性的追求体现在标准化的建筑类型中，这些建筑类型与环境以及周围的文化、地质或气候条件相矛盾。美国的大型超市和马来西亚的大型超市如出一辙；西班牙的海滨公寓楼和巴西的公寓楼一模一样；伦敦的多层办公大楼与柏林的办公大楼完全相同。

随着 20 世纪 20 年代国际风格的出现，以及随之而来的技术进步，全球建筑普遍标准化的可能性出现了。国际风格确立了关于统一与包容、[1] 关于共同问题和价值观的种种原则，并提出了跨越国界的建筑解决方案。其影响遍及整个欧洲，也传到了美国、南美洲和非洲，但存在地域性差异。尽管有这些差异，国际风格的普遍建筑特色仍然是使用"轻型技术、现代合成材料和标准模数制的部件，以利于制作和装配"。[2]

国际风格旨在创造一种关注平等与进步的通用建筑语言，如今这些特性已被房地产开发商误用为关乎建造方便利性和利润最大化的照搬照抄。这些与众不同的标志如

标准模块化建造　西班牙贝尼多姆市

标准模块化建造　巴西里约热内卢

合成材料　美国俄亥俄州

合成材料　马来西亚沙巴

轻型技术　英国伦敦（左图）；德国柏林（右图）

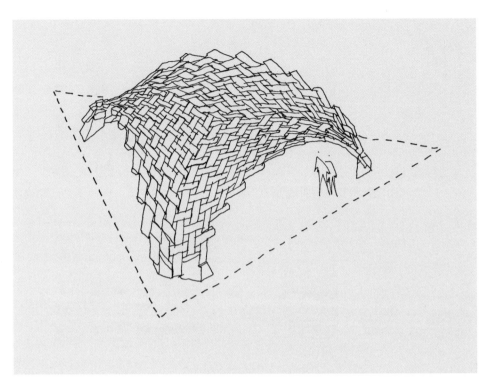

轻型技术 / 模块化建造

AAU Anstas 设计，石亭，巴勒斯坦杰里科（Jericho），2017 年

建筑师借助于新技术和轻型技术，将当地石材从作为薄饰面材料的典型用法中拯救出来，重新用作结构和造型手段。三百块实心石块通过数字化切割，形成最佳测地线表面，使材料与其场地历史联系起来，并通过新技术与其未来联系起来，同时呈现出一种全球化和本土化的建筑语言。

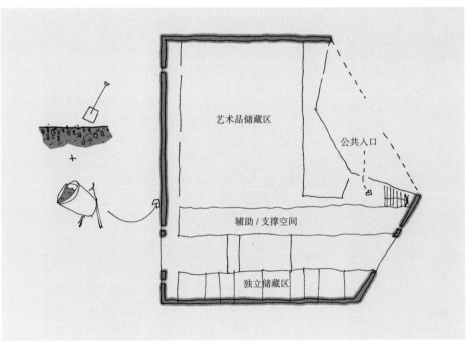

现代合成材料 / 模块化建造

赫尔佐格与德梅隆设计，巴塞尔现代美术馆，2003 年

这栋建筑作为艺术品的储藏库，同时也对公众开放。任务书规定了严格的气候条件，建筑师发现土坯建筑（也是当地历史上重要的建造方法）最适合这种气候条件。现代和历史建筑技术相结合，用周围场地的砾石建造了一个混凝土围墙，同时达到与土坯建筑相同的气候条件，但施工时间却缩短了一半：这是一种特殊性与实用主义的结合。

今已不再负有社会和道德义务。

"轻型技术"最初是为了纯粹的形式上的真实性，现在则意味着材料更轻薄、表面积尽可能小。"合成材料"以前被用来创造革命性的新形式，现在则意味着材料可以使用廉价劳动力快速制造，并销往世界各地，而不考虑其在所处环境中的适用性。"便于制作和装配的标准模块化部件"曾被现代主义者用来创造经济的公共项目，和确保非现场生产部件的优良建造质量，而现在则意味着结构可以尽快装配，以缩短建造时间（支出期）和增加租金或租赁时间（利润期）。

世界各地的开发商们都一刀切地采用这些策略，不考虑地方条件地复制方案。他们现在恰恰利用建筑师善意发明的方法，来玷污最初的建筑理念。国际主义已经退化为全球化，进步沦落为利润。

普罗克汝斯忒斯最终还是死了，被忒修斯（These）以与他的受害者相同的方式杀死。同样，建筑师也只能希望用房地产开发商对付他们的手段在自己的游戏中击败开发商。我们必须重新利用最初国际风格的三个特性，将其作为建筑和社会进步的方法，而不只是让它们被用作廉价和快速建造的手段。至关重要的是，我们还必须证明，我们仍然可以使建筑物像那些以一刀切方式开发的建筑一样经济而实用。我们必须证明：地方性响应式建筑并不意味着更昂贵的建筑；具有更深的共鸣和意义的建筑并不会花费更多。如果我们做不到这一点，一刀切式开发就会继续下去，理由就是任何其他类型的城市化都过于昂贵。

实现轻型技术

我们必须找到方法，将形式的经济性与纯粹性和真实性（见"优化"一节）重新结合起来。优化处理应该是建筑理念和形式的生成器，适应于不同的地点，而不是作为导致通用解决方案的事后考虑而进行的价值工程实践。的确，轻型钢框架在荷兰的项目和迪拜的项目中都可以使用——但要针对场地响应产生的具体形式以不同的方式进行使用。

——利用数字化工具尽量减少浪费

利用数字化技术，以确保新的和激进的形式尽可能经济，尽量减少现场劳动力的使用，并在设计过程的每一环节都完全可量化。

——使用传统的象征手法

将传统象征主义与现代、轻型结构方法相结合；创造传统与经济、特殊性与标准化相结合的新的诠释。

模块化建造 / 轻型技术

OFIS Arhitekti 设计，居住单元，任何地方，2017 年

一种灵活、适应性强的轻型木框架、胶合板内衬结构的模块，可以组合成不同的配置，创造出度假屋、树屋、研究小屋或简单的庇护所。模块可以垂直或水平堆叠，以适应各种环境和天气条件。至关重要的是，这些单元可以通过使用合适的材料进行包覆或饰面，从而用于不同的目的、不同的地点和不同的环境中。

利用合成材料

合成材料几乎总是比砖石、木材、茅草或泥土等传统的天然材料更经济。因此，我们对合成材料——层压板、粉末涂层金属、合成涂料、铝制防雨屏等——的使用是由市场力量决定的。我们应该学会在预算范围内以一种创造性、有场地针对性的方式使用合成材料，而不是无条件地接受它们（如果我们必须使用的话）。

哪些合成材料会增强场地特性，场地对此提供了哪些线索？场地的光线质量要求有反射性还是吸收性表面？场地的美学特性是要求建筑物应做饰面处理，以融入场地，还是要从场地中脱颖而出？如果我们用心研究，就会从场地中找到所有这些问题的答案。

合理使用合成材料的第二个策略，是从人造环境中获取线索。可能你的周围都是17世纪的石头建筑，而且你迫于当地规划部门的压力，不得不使用这些材料的现代、不经济的替代品。请尝试从侧面考虑场地内的可参考材料。根据对附近发现的所有材料的调查，而不仅仅是邻近的建筑，来确定使用适当材料的理由。高架铁路电缆与过时的大理石外墙一样有效；波纹金属栅栏相当于屋顶上的石板瓦；附近工业建筑的实用砖块和住宅陡壁砂岩同样重要。通过采用这种方法，就可以更广泛地使用有场地针对性的合成材料。

使用标准模块化建造

标准化建造方法可能是对抗一刀切式开发的最大障碍。标准化建造方法对开发商有利，因为这样做缩短了施工周期，在质量、合同保证和担保方面更好控制。因此，模块化建造将继续存在。建筑师面临的挑战是找到特定于场地的使用标准化建筑构件的解决方案。

一种方法是借鉴传统建筑技术，采用现代标准化建造方法。例如，如果某个场地适合使用土坯类型构造，而使用混凝土建造通常只需一半的时间[3]——那么执意使用土坯构造就是幼稚的。在赫尔佐格与德梅隆事务所设计的巴塞尔现代美术馆中，现场的砾石被添加到混凝土混合物中——从而将特殊性与标准化、传统与现代有效地融合在一起。

此外，标准构件并不意味着形式和场地响应的标准化。只要深思熟虑并发挥聪明才智，它们也可以像非标准化构件一样具有场地针对性。

结合设计和建造过程所有阶段的周密的财务监控，上述建筑策略可以用来扭转全球化一刀切式开发的趋势。每个建筑项目，无论市场力量如何，都应与场地的特定特征相互作用，突出场地特征，从而创造具有深度和共鸣的建筑。

反讽

七层高的爱奥尼克柱并不能解决问题

irony，反讽，名词

源自古希腊语——eirôn（希腊喜剧中的常见人物，以自嘲为特征）

1. 用幽默或讽刺的语言表达与字面意思相反的意思。

2. 表达矛盾或不协调的态度、事件或感情的一种技巧（文体）。

3. 与预期相反的情况或结果。

"如果你对我们的时代既尊重、关爱，又持批评态度，那么这些都可以通过反讽融合在一起"。[1]

——丹尼斯·斯科特·布朗（Denise Scott Brown）

在我看来，必须拒绝在建筑中公开展示反讽——创造滑稽的构筑物就是为满足你自己的智力需求而贬低设计过程和客户的需求。在建筑中追求讽刺感会使问题发生转变，诸如："我如何让这座建筑与场地相结合？""我如何满足空间要求？""我如何平衡预算？"或者"我如何为城市或景观增添美丽的东西？"就变成了："我如何才能做出讽刺的姿态？"真正的问题就被搁置一边了。

然而，建筑话语和理论中的反讽是至关重要的，是准确反映这个职业及其创造出来的建筑的一种手段。通过利用反讽作为一种手段来批评我们的职业运作方式，并利用反讽来分析我们的建筑环境的质量与缺陷，就可以实现这一点。

批判性反讽使我们能够汲取宝贵的教训。例如，塞德里克·普莱斯（Cedric Price）对建筑师传统角色的颠覆以及对嘲讽的使用，传达了极端但可行的概念，这些概念被用作刻薄的反讽手段来批评建筑师的社会作用。他的"乐趣宫"（Fun Palace）等项目说明了这一点："乐趣宫"方案是一个脚手架般的巨大框架，任何活动或功能都可以在其中发生，因为"建筑"的各种预制墙体、平台、龙门架和天花模块等都是可变的。再比如他的陶器"思想舱"（Thinkbelt），这个方案是一系列适应性强的临时结构，提议将英格兰北部的一个工业区改造成科技中心。这两个方案都是严肃的、具有革命性的，其核心都具有反讽意味。这位建筑师认为永久性建筑太过死板，无法跟上社会不断变化的步伐，他提出的几乎是一种非建筑，有可移动舱体、可调节的龙门架和可变的墙体。通过创作这两个项目来挑战传统建筑师角色——用坚固、永久性材料打造空间和形式——他为未来的建筑设定了目标，影响了从理查德·罗杰斯到雷姆·库哈

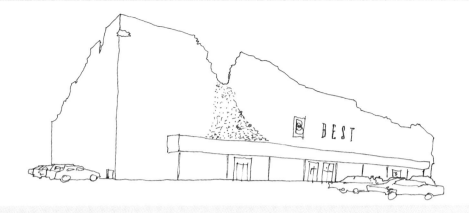

建筑反讽失败
美国休斯敦贝斯特商店（BEST store）：这是对单调类型学的一种缺乏想象力的另类回应，建筑沦为笑话，摇摇欲坠

建筑反讽象征
东京 M2 大楼（M2 Building），隈研吾（Kengo Kuma）设计：一个 7 层高的爱奥尼克柱子统领混乱的后现代主义立面

建筑反讽"生活－工作"一条线笑话
伦敦蓝屋（Blue House），FAT 设计：卡通式的广告牌，直白地传递出其兼有住宅和办公室功能

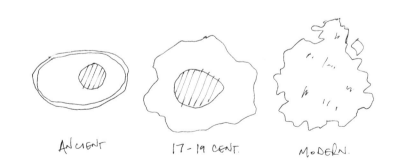

"城市如蛋"——塞德里克·普莱斯
结合对当代实践的批判，精妙地总结了建筑历史

"项目如怪物"——雷姆·库哈斯
对过去"未建成"项目的自我批判式的批判

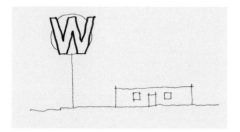

大标志——小建筑　　　　　　　　　　　建筑即标志

从一切中学习
罗伯特·文丘里（Robert Venturi），
丹尼斯·斯科特·布朗，斯蒂文·伊
泽诺（Steven Izenour）——速写；
分析带有大型交流标志的不起眼小
屋中蕴含的教训，暗示更具象征性
的、描述性的建筑

斯的每一个人。库哈斯这样描述这种方法："（普莱斯）最激进和最创新的贡献，是他对建筑和建筑师的主张和自命不凡的不懈质疑。他是一个不断拷问保守原则的怀疑论者"。[2]普莱斯的"城市如蛋"草图概括了这种方法，那些草图简洁地描述了几个世纪以来城市规划从井然有序到混沌无序的变化。

这种讽刺风格在雷姆·库哈斯的作品和OMA事务所的实践中也很明显。反讽是库哈斯开创性处女作《癫狂的纽约》（*Delirious New York*）的中心主题，这部作品讲述了纽约的发展故事，提到一些看似平庸甚至滑稽的事件，这些事件会导致我们建筑方法的巨大转变。这种反讽的风格贯穿于库哈斯的建成作品中，正如建筑学者安东尼·维德勒（Anthony Vidler）所描述的："反讽不再停留在再现的震撼中，也不再存在于文本和图像的并置中；它真正体现在作品本身的形式结构中"。[3]OMA事务所早期的大部分项目都在某种程度上对建筑的功能和规划提出质疑，甚至到了近乎荒谬的程度。例如，在泽布吕赫（Zebrugge）海运总站项目中，项目本身就变成一个目的地和景点，同时集机械性、工业性、实用性、抽象性、诗意性和超现实性于一身；[4]还有，在爱尔兰总理官邸的设计方案中，库哈斯看到了私人空间和公共空间两种对立的要求，因此创造了"两条相交曲线的组合"。[5]库哈斯没有像几个世纪以来的建筑师所做的那样将这些对立的需求合并到一个整体的容器中，而是从其图解张力中生成建筑形式。这两个项目都通过一种具有反讽意味的超然来质疑建筑任务书和建筑类型的先入之见，这种超然将继续影响建筑。

最近，库哈斯的一些最著名的"未建成"建筑漫画也体现了这种方法，如纽约的新惠特尼中心（New Whitney），或与赫尔佐格与德梅隆事务所合作的阿斯特广场（Astor Place），几乎都以怪物或变种人的形象出现。仿佛这些未建成项目根本就不想成为建筑。面对建筑师无法控制的因素，这种超然的无奈顺从显示出一种具有反讽意味的自我意识，而这种自我意识来自这一行业最有权势和影响力的从业者之一，则更加令引人注目。

然而，通过对我们可能不喜欢的形式和结构的批判性反讽，我们仍然可以欣赏这些建筑的良好品质（隐藏的或显露的）：为什么它们被设计和建造成现在这个样子；

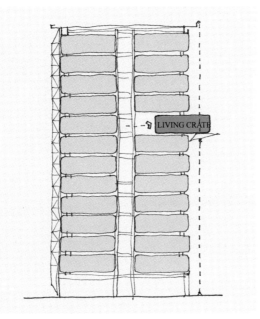

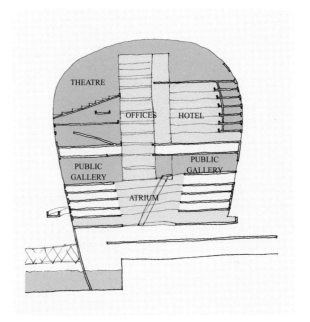

陶器"思想舱"
塞德里克·普莱斯设计，箱式住宅，1963~1967 年
对职业的批判性反讽
塞德里克·普莱斯采用标准而时尚的住宅建筑体系——塔楼，并通过使单元可移动和一次性使用来颠覆这种体系。通过反讽，他创造了一种反建筑，与他的现代主义同行所追求的永恒与坚固相反。最具讽刺意味的是，这种"箱式"住宅将设定未来建筑的目标。

泽布吕赫海运总站
OMA 事务所设计，1988 年
对建筑类型的批判性反讽
雷姆·库哈斯采用了一种平庸而敷衍的建筑类型——渡轮码头，讽刺地创造了一个"目的地"建筑，这种建筑类型通常仅用作到达其他更理想地点的手段。通过反讽，库哈斯预测到交通枢纽本身将成为目的地的未来趋势，那里将挤满餐馆、酒店、办公室、美容院和酒吧。

我们可以从这些建筑中吸取并融入我们的设计中的经验教训是什么。最重要的是，公众喜欢这些建筑物的什么地方？只有理解了这些，我们才能在开发商自己的游戏中击败他们——从而使我们能够提供高质量的建筑，将我们不喜欢的建筑（购物中心、郊区零售园区等）中的最佳部分整合在一起。简单地无视它们的做法既势利又短视。

正如罗伯特·文丘里和丹妮丝·斯科特·布朗在《向拉斯维加斯学习》（*Learning from Las Vegas*）一书中所言："建筑师不习惯于不加评判地看待环境，因为正统的现代建筑如果不具有革命性、乌托邦式以及简约等特点的话，可以说是进步的；它不满足于现状……建筑师一直宁愿改变现有环境而不是改进它"。[6] 这本书继续通过分析拉斯维加斯大道（一个大多数现代建筑师当时都不喜欢的地方），并梳理出其象征性、组织性和暂时性特质作为不那么清教徒式、更客观的未来建筑的借鉴，从而证明了这一理论的正确性。通过反讽视角，这些未被重视的建筑特质被推断为一种影响未来设计和建议的方式，即一种"向一切事物学习的方式"。

总之，反讽应该被用来评估我们作为建筑师的社会作用——去讽刺工作方法，质疑我们对周围环境的反应，并向我们周围的成功与失败学习。反讽不应该被用作回应——一条线笑话的立面不是答案，七层楼高的爱奥尼克柱子也不是答案。

政治

建筑不是一切

politics，政治，名词

源自古希腊语 —— polis（城邦）

1. 治理的艺术与科学。

2. 社会中涉及权威、权力和人的关系体系。

3. 政治活动或事务。

4. 办理政治事务的业务。

5. 处理政治事务的方法。

6. 推动政治事务开展的意识形态原则。

7. 为获取权力或控制与获取权力有关的所有活动而采取的工作策略或模式。

8. 与政治有关的观点、忠诚和信仰。

2003 年 3 月 18 日 星期二

第一年，设计单元 D 有一次临时设计评审，当时英国刚刚向伊拉克宣战。我脖子上挂着拉丝管，手里拿着卡纸模型，从那些手拿哨子和标语牌的愤怒的抗议者身边经过。到达工作室时，我的设计导师正开门准备离开。"你在这儿干什么？"她说。"你应该出去抗议！"我呆住了，想着准备这次评审的漫长时间，我在尴尬的沉默中回望着。和往常一样，设计工作室里是一片忙碌的景象，有人仓促地钉上图纸，有人匆忙地布置模型。所有的导师座位只空了一个，其余都坐着人。评审继续着，没有人提及战争、提及窗外的抗议活动，也不提已经离开的唯一有政治头脑的反叛者。相反，我们都沉浸在线条的粗细、屋顶的细节或房间的高宽比之中。我们满足于建筑幻想，不知不觉。考虑到这场战争引发的全球混乱，[1] 我现在对我的老导师既怀有钦佩之情，又后悔自己当时太专注于假想的建筑设计而无暇顾及，建筑把我消耗殆尽。

建筑不是一切。生活中还有许多更重要的事情，政治是其中之一。根据我的经验，建筑师通常是一个不关心政治的群体，他们更关心总体规划、建筑组织或细节，而不是如何治理社会，以及如何实现平等、公正与自由。建筑师往往在态度上自由而进步，但在需要促进或捍卫这些价值观时又通常保持沉默。建筑实践令人几乎剩不下时间或精力去做其他事情，许多建筑师也冷静地避免参与任何政治机构，而专注于建筑的技术和美学功能。[2] 然而，这种政治冷漠似乎有些奇怪，因为政治影响着建筑的各个层面。

经济废墟
美国底特律帕卡德工厂

毁掉的建筑
叙利亚阿扎兹（Azaz）内战

公共空间私有化
纽约祖科蒂公园（Ziccotti Park）

规避风险的建筑
英国格拉斯哥伊丽莎白女王大学
医院

被毁的建筑
叙利亚帕尔米拉贝尔神庙
（Temple Bel）

社会住房
维也纳卡尔·马克思·霍夫
（Karl Marx Hof）

失业
芝加哥大萧条，20 世纪 30 年代

护柱划分界线
英国阿伯丁候机楼

作为文化的文化，不是副产品
巴黎卢浮宫金字塔（Louvre Pyramid）

列宁主义 ＝ 构成主义
塔特林塔（未建成 – 在俄罗斯圣彼得堡组装），1920 年

肯尼迪主义 ＝ 太空时代现代主义
美国洛杉矶机场，1961 年

斯大林主义 ＝ 社会主义古典风格
莫斯科大学（Moscow University），1953 年

里根主义 ＝ 封闭社区主义
美国圣何塞封闭社区，1985 年

福利主义 = 社会现代主义
伦敦皇家节日音乐厅（Royal Festival Hall），1951 年

布莱尔主义 = 企业现代主义
伦敦千禧穹顶（Millennium Dome），1999 年

建筑与经济

无论是干预还是被动，经济决策都可能导致某些地理区域的繁荣或萧条，这对建筑有着巨大的影响。

——决定体量、位置和功能

一个区域的成功或失败最终决定了那里所需建筑物的位置、体量和类型。例如，在政府税收减免的帮助下，[3]旧金山科技产业的兴起导致高层公寓、办公大楼和休闲建筑的盛行，而可负担性住房或社区项目则受到了影响。相比之下，在底特律，一定程度上由于政府决策不力，[4]城市汽车工业衰退，这意味着新建筑的建设几乎停滞，而那些留下来的建筑也变成废墟。

——危及建筑物的质量和寿命

政府建筑的采购路线，如起源于英国但现在以各种形式在世界许多国家使用的公私合营伙伴关系，允许私营公司预先为公共项目提供资金，然后将建筑物出租给公众，以获得长期的经济利益。这导致了曾经的公共建筑（学校、医院、火车站等）私有化，其中许多这样的建筑都障碍重重，原因多种多样：建筑师与客户之间脱节，通过规避风险而扼杀创新，建筑缺乏灵活性与可持续性，以及质量方面差强人意等。[5]

——危及就业

在经济不景气的情况下，建筑业往往首先受到冲击。由于客户和开发商都在等待市场回暖、土地增值，建筑师的工作机会越来越少。[6]这会使个人就业甚至整个建筑实践的未来面临风险。[7]

建筑与战争

战争始终是一种政治决策，而且会在很长一段时间内对一个地区的建筑产生严重影响。

——毁掉建筑

战争可以摧毁一座城市的建成结构，毁掉建筑物和社区。顷刻之间建筑就能被夷为平地，而对新建筑的迫切需求只有在战争结束后才能得到满足。战争和恐怖主义也使古代遗址面临危险，因为它们成为袭击目标。这会抹杀我们与古代文明建筑环境的联系。

——改变建筑物的外观及其传递的信息

随着时间的推移，战争使我们的建筑更具防御性。新的建筑需要把任何可能的恐怖威胁都"设计出来"。例如，在伦敦，建筑师被鼓励尽量减少玻璃的使用，在建筑周围使用护柱和花槽来阻挡车辆，以及采用独立通风系统来抵御毒气攻击的影响。[8]

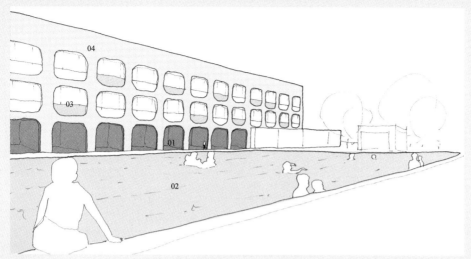

综合公共教育中心 奥斯卡·尼迈耶（Oscar Niemeyer）设计，巴西新伊瓜苏（Nova Iguaçu），1984 年

FATA 办公楼 奥斯卡·尼迈耶设计，意大利都灵（Turin），1977 年

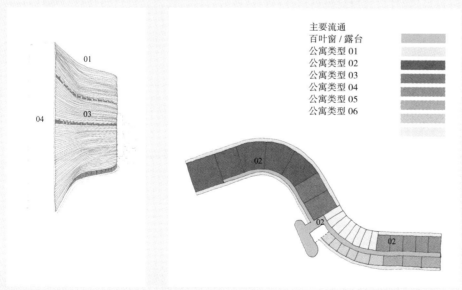

主要流通
百叶窗 / 露台
公寓类型 01
公寓类型 02
公寓类型 03
公寓类型 04
公寓类型 05
公寓类型 06

01 **形式**
弧线限定了弯曲的平面形式，统一
了建筑形式，使得内部用途之间没
有明显等级关系

02 **用途**
建筑平面布局为均好式，每层有一
系列的公寓，可在每个楼层上实现
多样化的社交组合，而交通流线互
相错开，以确保大多数公寓可通往
露台

03 **细节**
使用深遮阳板，同时其水平性使弧
形建筑形式得到强化

04 **材料**
建筑外表使用混凝土材料，加强了
整体统一的概念

科潘大厦 奥斯卡·尼迈耶设计，巴西圣保罗（São Paulo），1966 年

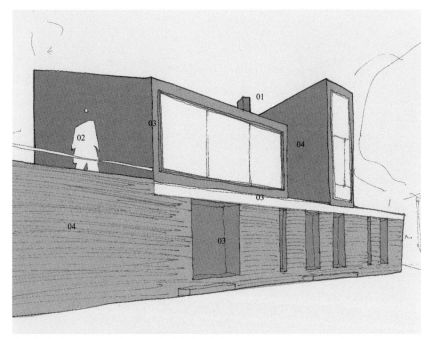

皮里韦科住宅 Elemental 事务所设计，智利皮里韦科湖（Pirihueico Lake），2004 年

01 **形式**
屋顶形式和基座以一种有趣的游戏方式分开；直线形基座与雕塑般屋顶形式形成对比，朝向阳光和景观

02 **用途**
利用富于变化的屋顶形式来形成屋面露台空间，以便欣赏整体景观

03 **细节**
深凹的窗洞，以基座与屋顶间的混凝土横梁分开的梁式结构，以及不同材料的屋顶窗框架，都显示出深思熟虑的细部处理手法

04 **材料**
运用了丰富的材料——深色石材、自然色木材、无框玻璃、预制混凝土——都经过精心处理，传达出奢华感

公益住房 Elemental 事务所设计，智利瓦尔帕莱索（Valparaíso），2010 年

01 **形式**
屋顶与立面的区别仅在于材料上的细微差异，而非形式上的创新；没有特别考虑到阳光和景观

02 **用途**
这种最小手段意味着没有为屋顶露台创造空间，结果无法充分利用山顶位置

03 **细节**
细节处理方法是以不同的颜色处理不同的元素；窗口平齐，设施外露，没有传递出深度和工艺信息

04 **材料**
最基本的材料——钢筋混凝土、涂漆木材、波纹金属——均以最基本的方式进行处理，给人一种公益住房的印象

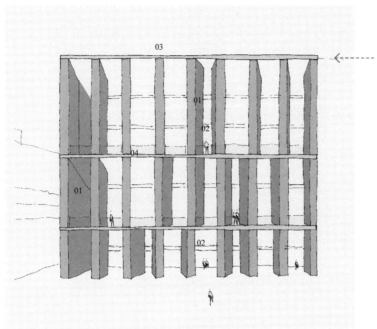

01 **形式**
在加州大学医学院的例子中，砖柱断面呈斜角和锥形，形成立面和露台空间的变化；在社区中心例子中，柱子只是在一个平面上简单地重复排列

02 **用途**
在下图例子中，重复的形式限制了功能，因为立面纯粹是一个柱廊，一个避风躲雨的地方；在加州大学医学院的例子中，露台变成迷你式双层高门廊和私密的社交空间，同时可以遮风挡雨

03 **细节**
混凝土门楣形成立面的水平线条，砖、玻璃和混凝土的结合处浑然一体。在下图例子中，细节没有层次，无法突出坚固的水平横梁，裸露的钢螺栓成为固定方法

04 **材料**
在加州大学医学院的例子中，运用了丰富的材料——红砖、预制混凝土、无框玻璃、木材，传达出一种持久感。在下图中，主要材料是粗糙的油漆木材，有一种临时感

加州大学医学院 Elemental 事务所设计，智利圣地亚哥（Santiago），2004 年

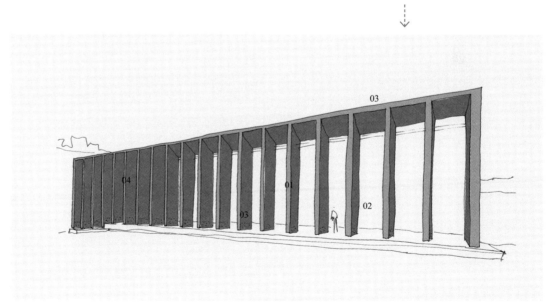

社区中心 Elemental 事务所设计，智利康士提图松（Constitucion），2010 年

81

建筑与左倾和右倾

左倾政府更重视公共空间，提倡全民利用公共空间。相比之下，右倾政府则将空间视为商品，供那些付费者使用。[9]

——使公共空间消失

世界各地城市都有公共空间私有化的趋势，即私有空间是为新开发项目创造的，或者现有的公共空间被购买并使其看起来像一个公共空间，但没有曾经允许的表达自由。

——影响建筑物类型

社会主义政府利用税收筹集资金，大力投资公共基础设施和引人注目的公共建筑，如20世纪末密特朗时代的大巴黎计划（Grands Projets），当时为了促进文化和进步，在整个城市建造了博物馆、歌剧院、图书馆等项目。相比之下，保守政府允许私营企业通过赞助和投资来振兴我们的城市，把文化作为利润的副产品来推广。[10]

——决定建造社会住房或私人住房

左倾政府重视提供可负担性住房；右倾政府把住房问题留给私人市场。因此，住宅这种最基本建筑需求的可用性和类型，就掌握在政客们的手中。

建筑与风格

建筑通常是当时占主导地位的意识形态的物理表达。建筑通过其形式、材料选择和象征意义反映政府的价值观和目标。

——俄罗斯

在弗拉基米尔·列宁（Vladimir Lenin）领导的1917年俄国社会革命精神指导下，一场形式和技术上的建筑革命应运而生。摒弃过去、倾斜的动态线条、使用红色，以及盲目迷恋工业和技术，都是革命政府的物理表现。从阿列克谢·雷科夫（Alexei Rykov）到约瑟夫·斯大林（Joseph Stalin），随着历届领导人相继上台，革命精神逐渐消散，建筑在外观上变得更加古典和呆板。人们通过装饰着古典和哥特式建筑图案的超大混凝土块来宣扬过去。

——美国

约翰·肯尼迪（JFK，1961~1963年任美国总统）是现代化的推手，痴迷于太空竞赛[11]——在他的领导下，建筑也痴迷于现代性。出现的形式看起来像是科幻小说中的某种东西，其特征是：像航天飞机机翼一样的曲面屋顶；像月球观测站似的360度斜面玻璃带；空气动力学的曲线和霓虹灯标志。这种天马行空的建筑风格与里根时代（1981~1989年）形成了鲜明的对比。在20世纪80年代，孤立、风格保守的封闭社区在美国兴起，[12]反映了政府推行私有化和个人主义的政策。

克莱门特·艾德礼（Clement Attlee，1945~1951 年担任英国首相）推行的社会福利制度，导致了公共建筑（学校、医院、休闲场所等）和国有住房的大规模建设，创造了一种由混凝土、砖和玻璃组成的现代直线形式建筑风格。到 20 世纪 80 年代初，首相玛格丽特·撒切尔（Margaret Thatcher）停止了政府作为福利提供者的观念，允许私营企业激增，保守主义和个人主义成为执政意识形态。这一点体现在那个时代的建筑中，即越来越孤立和具有历史主义色彩。另一方面，从 20 世纪 90 年代后期开始（首相托尼·布莱尔任内）的建筑是由私人资金支持的高调公共项目，在视觉上表现为进步与私有化之间的认同危机，令人不安地混搭了玻璃、钢铁、闭路电视摄像头、廉价材料和赞助横幅等。

这些例子都显示了政治如何影响建筑生产的各个方面。建筑师必须参与政治，才能充分理解并应对影响其工作的种种因素。

建筑可以与政治相结合

人们普遍认为，建筑不能改变社会（见雷姆·库哈斯、罗伯特·亚当、帕特里克·舒马赫）——建筑只是反映了周围的政治力量。这是有道理的——在被外界影响压倒之前，建筑只能做这么多。然而，也有许多建筑师通过对他们所处政治环境的理解，找到了反抗政治气候的方法。

——奥斯卡·尼迈耶

巴西建筑师奥斯卡·尼迈耶（1907~2012 年）的建筑是为人和景观而创造的[13]——这正是所有建筑都应该解决的两个基本要素。尼迈耶没有把他的个人观点与他的建筑分开：他设计的建筑就是"他的武器"，包含着他对周围世界的蔑视和抗议。[14] 不过尼迈耶回避了社会福利建筑，称其为家长式的、煽动性的建筑，而为工人阶级设计更简单和更基本的建筑的做法是"不可接受的歧视"。[15]

相反，他创造了大胆、高耸的建筑，超越了建筑类型和社会条件，颠覆性地将他为富人和权贵们创造的建筑带给受压迫者和贫穷的人。通过比较两个项目可以明显看到这一点：一个是他于 1977 年设计的意大利都灵 FATA 总部办公楼，一个是他后来在新伊瓜苏设计的综合公共教育中心（CIEP），后者旨在让处境不利的流浪儿童进入公立学校系统。两座建筑都同样有雕塑般立面，有悬挑梁增加进深，使用的都是混凝土和玻璃等常见材料，甚至都有游泳池。弱势学童得到了与公司老板同样的待遇。

在他设计的圣保罗住宅项目科潘大楼（Edifício Copan building）中，富人和工人阶级可以住在一起。尼迈耶没有通过将较昂贵的公寓设置在较高楼层来区分富人和穷人，相反，他设计了一种平面布局，在一个楼层中包含了从小到大的所有公寓类型。因此，

河居（RIVER DWELLINGS）英国布里斯托尔（Bristol），J. 泰特设计，2016 年

富人和穷人将混住在一起，共享同样的视野、阳光和露台：这个方案是尼迈耶个人信仰的缩影。统一的曲线形式也意味着建筑物的外部没有任何视觉上的区别。

　　——亚历杭德罗·阿拉韦纳

　　智利人亚历杭德罗·阿拉韦纳（Alejandro Aravena）是 Elemental 事务所的创始人，他在设计过程中提出了两个问题：一座建筑物能满足客户的需求吗？从这座建筑中我能更好地理解人类的处境吗？[16] 相对于他所设计建筑物的使用者以及整个人类的需求而言，美学和技术问题都是次要的。

　　这一点在他的"增量式"住房项目中表现得很明显，这些项目为居民提供了一栋"半屋"（一栋两层两居室的住宅，有屋顶、厨房和浴室，旁边有同等大小的空地）。如果可能的话，居民们可以完成后半部分建设。[17] 阿拉韦纳的做法是接受现实——国家提供的社会住房正在恶化，而原本应由国家供给的人们无力拥有自己的住房——但找到了通过建筑改善这种状况的新方法。

　　尽管阿拉韦纳采取了深思熟虑的方式，但他的项目中哪些是用于社会福利目的，哪些不是，还是一清二楚。他根据客户的预算和目标，采用不同的材料、不同的形式和不同的建造方法。或许这正是现实世界的写照，如今，社会供给在社会中已经不那么根深蒂固了，建筑师的权力也不如尼迈耶时代那么大了——或者，也可能只是因为阿拉韦纳的做法没有那么乌托邦化。尽管如此，考虑到他参与政治的建筑在他的祖国所产生的影响，这一点同样令人钦佩。

具有社会意识的建筑未来

新一代具有政治意识的建筑师正在涌现，他们试图解决社会、经济和环境问题。这是值得庆祝的，但他们的建议往往落入尼迈耶所指出的家长式作风的陷阱。[18] 许多项目并没有颠覆或改变社会的不公正和不平等，而只是反映了要着手解决的问题。

例如，我们为什么要为西欧的穷人和受压迫者提供坚固、永久的住所，而为叙利亚的穷人和受压迫者提供暂时的临时性解决方案（见尼古拉斯·加西亚市长设计的 C-Max 庇护所，被称为帐篷和拖车的混合体）？为什么我们在西方国家提出房屋类型的住房，却在非洲提出军事掩体类型的住房（见纳德·卡利利用沙袋制作的 SuperAdobes）？为什么我们在西方国家使用砖、石和金属建造社会住房，却在发展中国家提议使用纸张、稻草、织物甚至废弃材料（见 DARE 的塑料瓶废物屋）建造社会住房？无疑，如果我们相信公平与平等，我们的建筑是不是应该体现这一点呢？

——建筑不是万能的

我们不能总是从建筑的角度看待政治：这会滋生家长式和被动式的项目，而不是源于我们对政治和社会意识的理解的建筑。不是每一种政治或社会情况都可以通过设计来解决，但每个设计都应该表现出对塑造它的世界的理解。

或许，与其在破坏发生后提出建造组装式房屋、可穿戴式住宅、充气房屋和浮动平台，我们首先应该努力阻止导致这些需求的战争和政治决策。我们必须参与政治，以公民的身份而不是建筑师的身份，努力挑战不平等和不公正。我们应该质问：为什么非洲不断受到西方政府的压迫和操纵[19]，以至于需要临时性的庇护所和简陋的住所？导致中东难民大规模外逃，如今在惨无人道的欧洲难民营饱受煎熬的西方外交决策是什么？这些全球性问题不是热心的建筑师解决的简单设计问题。如果我们完全沉浸在建筑中，我们就会对更大的事件仍然视而不见，一旦为时已晚，就试图通过设计来解决问题。但建筑并不是万能的。

0 20 40 60 80 100（m）

N

绿地策略（一）：废弃农田

英国埃塞克斯郡（Essex）隐藏式庭院住宅（Hidden Courtyard Houses），总平面图，泰特设计。在城市边缘与农业用地交汇处的平整废弃农田上，布置了7个住宅组团，共有210户住宅。住宅聚集在公共的"下沉式"庭院和私人花园（均以深色阴影表示）周围。住宅和庭院看似随机排列，实际上是为了提供最优数量与开放空间相联系的住宅而产生的，尽量减少遮挡，确保私密性以及每个房间均为双向。每户住宅的形式都由暴露在室内外的预制防水保温混凝土结构形成。利用当地黏土制作了陶瓦百叶，以保护隐私和遮阳，并提供一种场地特有的构件

第1章　评估

第2章 分析

步行
影响
重塑
尊重
故弄玄虚
英雄化
改进
即兴创作

步行

城市的实质

walk，步行，动词

日耳曼语 —— walchan（漫步）

1.（不及物动词）以适中的步伐行走或移动，交替地向前移动双脚，始终保持一只脚在地面上（双足运动）。

2.（不及物动词）为了锻炼或娱乐，以上述动作前进或出行。

3.（不及物动词）以行走的方式暗示运动。

4.（不及物动词）遵循某种生活道路或方式。

5.（及物动词）在某一区域穿过、前进，或进入某一区域。

6.（及物动词）给予……的理由；步行前进。

至于你们的城邑，就是古迹通天塔。

在那里所有的事件同时喧嚣，

它们的实质如何？ 拱门、塔楼、金字塔——

我不会感到惊讶，如果在潮湿的炽热中，

有一天清晨的黎明突然将它们消散了……

维克多·雨果（Victor Hugo），《撒旦的末日》和《上帝》（*La Fin de Satan et Dieu*），1854~1862 年 [1]

城市的实质是什么？

古代的历史遗迹以及现代与之对应的标志性建筑都是城市的象征。它们投射出一种熟悉的形象，在固有的陌生与混沌中充当着令人安慰的地标。"你登上帝国大厦（Empire State Building）了吗？""你是坐在歌剧院（Opera House）的台阶上吗？"当你从纽约或悉尼回来时，如果对这些问题的回答是"否"，你就会感到尴尬。如果你不消费一个城市的标志物，为什么还要去呢？但是，正如维克多·雨果在150多年前所问的那样——它们的实质如何？它们对城市居民有什么价值？它们提供了哪些城市其他地方所没有的场所体验？城市的标志并不是城市的实质——城市中的人以及他们与空间和时间的相互作用才是。建筑师需要认识到这一点。

标志性建筑

纪念碑一直将我们的城市定义为历代统治者和城市创造者的信仰体系的物理符

92

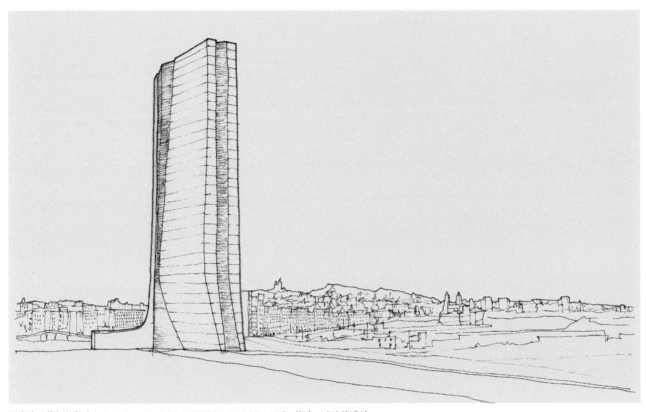

马赛达飞轮船总部（CMA CGM HEADQUARTERS, MARSEILLE），扎哈·哈迪德设计
一座标志性的桅杆式建筑傲然耸立于城市远处的有机混乱之上；这是一个宣称与马赛的其他地标互动的企业标志——不过，这座建筑如何实现这一目标尚不清楚。这种醒目、纤细的形式本可以是为慕尼黑、米兰或莫斯科设计的，却偏偏是在马赛

号。宗教的能指以教堂、清真寺、寺庙等形式出现；君主制的能指体现在城堡、宫殿和城墙中；广场雕像和喷泉是公民身份的象征；剧院、博物馆和音乐厅等形式则是文化符号。在过去一个世纪左右的时间里，信仰体系普遍衰落（至少在西方世界是这样），取而代之的是一个以资本主义观点为主的更加多元化的社会。[2]

这种社会转变带来了一种新型的纪念性建筑，没有元叙事（宗教、君主制、启蒙、进步等），即：标志性建筑。由于没有主导性的信仰体系或图像学指导它们的形式和功能，这些建筑现在各自以毫无意义的方式争奇斗艳——建筑理论家查尔斯·詹克斯（Charles Jencks）将这一现象描述为"泛个人主义"（generic individualism）。[3] 这类建筑力求个性化，却因无处不在而变得普普通通。与君主、宗教人士、慈善家或进步人士委托建造的具有象征意义的纪念性建筑不同，这些新纪念性建筑是由全球性公司、新兴国家和城市市长委托建造的，旨在塑造一种现代化和权力的形象，它们具有一种不自然的独特性。

有关企业标志的例子，可以看看蓝天组（Coop Himmelblau）设计的慕尼黑宝马博物馆（BMW Museum）——一个"塑造身份认同的建筑群"，[4] 或者看看扎哈·哈迪德在马赛设计的法国达飞轮船总部办公大楼——"一个标志性的垂直元素，与马赛的其他重要地标遥相呼应"；[5] 有关新兴国家彰显权威的国家象征，可以看看 RMJM 公司设计的阿

巴库火焰塔，HOK 事务所设计 一个很明显的隐喻。灵感来源于巴库古老且已绝迹的拜火习俗，这组火焰般塔楼主宰着城市多变的天际线，形成卡通般的形象。这些建筑都是剪影，内部为三合一式的企业规划（豪华住宅、五星级酒店和甲级办公空间），与场地和城市的地理、社会或功能需求相悖

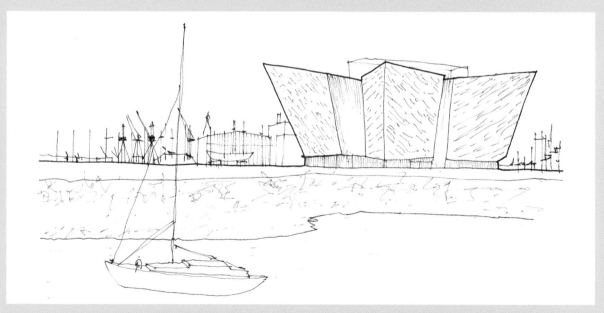

泰坦尼克区，贝尔法斯特，埃里克·库恩与托德建筑师事务所设计 泰坦尼克中心（Titanic Centre）是贝尔法斯特海滨重建项目的文化中心。然而，这个项目并没有着眼于城市的未来，而是将目光投向城市过去的一个事件——曾经建造了世界上最著名的沉船泰坦尼克号。建筑本身就是一堆"海事隐喻"。其突出部分让人联想到船体，波纹形阳极氧化铝覆层参考了波浪，位于中心的中庭则刻意设计成锯齿状的尖角，让人联想到造船厂的形式。这是一个以混杂的隐喻来推动设计方案的糟糕案例

| 小摆件 | 衣物 | 符号 | 徽章 | 标识 |

抽象的五个阶段　从缩微复制品到城市标识，埃菲尔铁塔经历了从三维"小摆件"到修改后的二维城市品牌的抽象过程。建筑被作为符号，符号则成为商品

布扎比首都之门大厦（Capital Gate building）——一个自诩为"标志性的开发项目……以引人注目的钢和玻璃立面以及异乎寻常的有机形式而闻名"，[6] 或是看看 HOK 事务所在巴库设计的火焰塔（Baku Flame Towers）——"三栋改变城市天际线的标志性建筑"。[7] 由城市发起的标志性建筑通常是卓越的文化或艺术方案的物理表达，如埃里克·库恩与托德建筑师事务所（Eric Kuhne and Todd Architects）在贝尔法斯特（Belfast）设计的泰坦尼克区（Titanic Quarter）——"一个具有国际意义的动感休闲目的地"，[8] 还有圣地亚哥·卡拉特拉瓦（Santiago Calatrava）在瓦伦西亚（Valencia）设计的歌剧院——"一个充满活力的城市地标"。[9]

这些现成的地标和目的地往往被一个"神秘的能指"[10] 所证明——即一个证明建筑的"独特"形式是合理的寓言。哈迪德设计的马赛塔楼是一个"桅杆"，让人联想起这座城市的港口；HOK 事务所的巴库项目受到当地民众历史上对火的崇拜的启发；贝尔法斯特的泰坦尼克区则产生于"大量的海事隐喻"。

这些标志物的共同之处是需要与众不同和创新，以象征相互竞争的企业、国家和城市在经济和文化上的主导地位。它们可以作为城市的新标志进行营销——而且我们被告知，是它们定义了城市。这就是作为旅游业的建筑，作为大众消费产品的建筑，作为全球品牌活动的建筑。游客们对这些建筑趋之若鹜，像消费城市小摆件一样消费它们，唯恐错过机会。然而，我认为恰恰相反：这些建筑分散了人们对城市独特体验的注意力。要真正理解城市的实质，我们必须去看看最典型的标志性城市：巴黎。

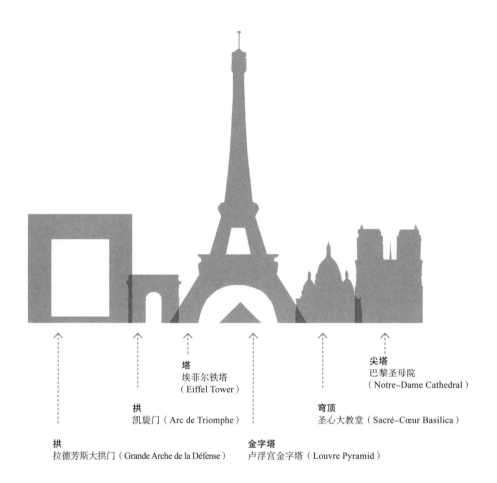

塔
埃菲尔铁塔
（Eiffel Tower）

尖塔
巴黎圣母院
（Notre-Dame Cathedral）

拱
凯旋门（Arc de Triomphe）

穹顶
圣心大教堂（Sacré-Cœur Basilica）

拱
拉德芳斯大拱门（Grande Arche de la Défense）

金字塔
卢浮宫金字塔（Louvre Pyramid）

巴黎——标志之城

　　巴黎是堪称最早标志性建筑——埃菲尔铁塔的所在地。埃菲尔铁塔于 1889 年投入使用，是当年巴黎世界博览会的中心建筑，被誉为"人类有史以来最高的建筑"。[11]这座塔没有任何功能用途，它的建造纯粹是为了展示工程的独创性以及资本主义的力量。直到大约 10 年后，埃菲尔铁塔才开始被用作发射天线，84 年后，塔上开设了第一家永久性餐厅——这是一个功能滞后于形式的案例。面对批评，古斯塔夫·埃菲尔（Gustav Eiffel）曾反驳道："……巨大的东西都有一种吸引力，那是一种特殊魅力，普通艺术理论很难适用。这座塔将是人类有史以来建造的最高建筑——因此，难道它不会以自己的方式也显得很宏伟吗？为什么在埃及令人钦佩的东西，在巴黎就变得丑陋和可笑呢？我一直在寻找答案，但必须承认，一无所获"。[12]

　　埃菲尔铁塔代表了纪念性建筑地位的转变，即从元叙事象征主义的产物转变为纯粹的奇观，而竞争日益激烈的工业社会为这一转变提供了资金，正如埃菲尔自己与古埃及金字塔的比较所提到的那样，还有他的批评者也声称，"无用而巨大的埃菲尔铁塔……使巴黎圣母院、圣礼拜堂、圣雅克塔都黯然失色。我们所有的纪念性建筑都被贬低了，我们的建筑也遭到轻视"。[13]

巴黎是一座以标志性建筑为特色的城市，[14] 其中包括埃菲尔铁塔、凯旋门、巴黎圣母院、圣心大教堂、德芳斯大拱门和卢浮宫金字塔等。这些建筑形式以其简单和熟悉吸引着游客；它们容易接受又举世公认；它们慰藉着游客，以实物证据提供了他们期望看到的巴黎。对比之下，由于游客们乘坐地铁或旅游巴士穿梭于不同景点之间，这些标志性建筑之间的城市部分往往没有人去探索。还有一个别样的巴黎，就像任何一座大城市一样，它不是由标志组成的，而是由人与空间、事件与建筑、日常与非凡之间的相互作用组成的。

巴黎——追求非标志性

诗人兼散文家夏尔·波德莱尔（Charles Baudelaire）是最早捕捉到 19 世纪中叶工业化大都市中喧嚣而隐蔽之美的人之一。他为巴黎带来了一种独特的光芒，给巴黎蓬勃发展的现代化注入了永恒而又亲切的感觉。他不关注城市的符号或纪念性建筑，而是通过对日常生活的详细分析来捕捉城市的稍纵即逝。

——闲逛与建筑

波德莱尔的诗歌捕捉到了城市的喧闹性质，以及在乔治·欧仁·奥斯曼男爵（Baron Georges-Eugène Haussmann）对巴黎全面重建后城市形态发生的剧烈变化。他论述了梦想中巴黎的"醉人的单调"[15]——总是透过人与城市环境互动的视角。为了捕捉这些独特的城市生活视角，波德莱尔在巴黎的街道上漫步，体现了"闲逛"或漫步的概念，成为典型的"闲逛者"（flâneur）原型，一个通过街头漫步来研究城市生活的城市侦探。闲逛能够"将巴黎变成一个伟大的内部空间"，一个"没有门槛"[16]的城市，闲逛者"陶醉于"他们在街道上的长距离行走："每走一步，步行的动力就更大"。[17]闲逛者将街道视为"群体的住所"，[18]群体使建筑物之间的空间充满生气，如同个人在"他们自己的四墙隐私范围内"一样。[19]

将闲逛与建筑师的实践联系起来，闲逛者所做的正是建筑师在为城市设计时必须承担的首要任务——研究人与场所之间的相互作用，研究城市形态与人类功能之间的相互作用。波德莱尔的诗歌关注日常生活和群体，是反标志性的。建筑师要吸取的教训是不要把重点放在城市的纪念性建筑上，而是要关注纪念性建筑之间的空间与生活。

——表达城市生活

在罗伯特·杜瓦诺（Robert Doisneau）的摄影作品中，巴黎人对城市日常生活的迷恋一直持续到 20 世纪中期。杜瓦诺沉醉于"普通人在普通情况下普通姿态"的"瞬

《兄弟》(LES FRÈRES) 罗伯特·杜瓦诺摄，巴黎杜多可图 – 莱辛街，1934 年

98

《陌路血地》(LA MEUTE) 罗伯特·杜瓦诺摄，巴黎协和广场（Place de la Concorde），1969 年

乌尔克运河
（CANAL DE L'OURCQ）
工业运河，被乐观地用作钓鱼场所

拉·维莱特公园
（PARC DE LA VILLETTE）
亭子，作为两个孩子的临时会面场所

法兰德斯大道
（AVENUE DE FLANDRE）
密门

法兰德斯大道
（AVENUE DE FLANDRE）
密门后的院子

法比恩上校广场
（PLACE DU COLONEL FABIEN）
市场，作为愤怒抗议者的汇聚点

玫瑰街
（RUE DES ROSIERS）
中世纪小巷里充满大城市生活的繁华与混乱

间"——即捕捉城市生活的瞬间表达。杜瓦诺和他同时代的亨利·卡笛尔·布列松（Henri Cartier-Bresson）开创了一种街头摄影风格，即"未经处理的场景，通常不被人察觉的题材"。[20]

杜瓦诺形容他的方法是借由街头漫步而"尽情地欣赏"人与风景。他认为背景建筑、鹅卵石、台阶、灯柱和光秃秃的墙都和人一样重要；他漫步在巴黎及其郊区被遗忘的街道上，那里的日常建筑和居民就是明星。杜瓦诺非常重视建筑的品质，以至于当被问及他为什么晚年没有拍摄他的家乡蒙鲁日（Montrouge）郊区时，他说："水泥已经取代了石膏瓦和木制小屋……没有什么可以捕捉光线了"。[21] 这可以说是对许多现代建筑在材料上缺乏表现力的控诉。

杜瓦诺的作品反映了 20 世纪 30 年代到 90 年代巴黎的变化与动荡。从战前巴黎的纯真，到第二次世界大战期间笼罩这座城市的混乱，再到现代性与永恒令人不安的并置，杜瓦诺捕捉到了人与城市环境之间的互动瞬间，这些瞬间至今仍是建筑师们的重要经验。例如，《兄弟》（Les Frères，1934）强调了设计环境的重要性，即要让儿童在不受交通影响、也不需要成人监督的情况下探索和适应他们周围的环境；《铺开的柏油路》（1944）反映了建筑在面对战争等极端事件时的无能为力；而《陌路血地》（1969）则是对 20 世纪中期城市设计的尖锐控诉，这种设计将驾驶者的需求置于行人的需求之上。

——奇观

　　亨利·列斐伏尔（Henri Lefebvre）是一位哲学家兼城市理论家，他的研究主要集中在第二故乡巴黎。在他最多产的时期，也就是 20 世纪 60 年代至 70 年代中期，现代性已经在巴黎确立了自己的地位，而列斐伏尔是巴黎现代性的主要分析家和批评家。面对城市空间日益私有化和商品化的趋势，列斐伏尔把城市生活的日常性、非标志性和人性化置于首位。他的整个职业生涯都在致力于"揭示城市生活的复杂性和丰富性……即城市日常生活丰富性的广度"。[22]

　　列斐伏尔观察了日常城市生活的模式和节奏。在《韵律分析》（Rhythmanalysis）[23] 一书的"从窗口看"一章中，列斐伏尔分析了巴黎的一个交叉路口，从一个着迷的观察者转变为一个分析家和批评家，对他所看到的在他面前展开的空间与人之间的互动进行了分析和批判。为了与日趋狂热、拥挤和同质化的城市生活保持一致，列斐伏尔没有像波德莱尔和杜瓦诺那样关注个体，而是关注人群。他将自己的分析置于一种新型城市体验——建筑和城市设计作为大众消费的对象——的背景下，描述了一个日益脱离其城市环境的社会。个体变成了"不协调的人群"，在"金属小摆设"中走来走去。[24]

　　列斐伏尔构建了一个不再为日常生活活动提供背景的城市环境。现在，建筑，更具体地说是空间的财务管理，决定了人群的行动。列斐伏尔所记录的是"奇观"，尤其是标志性建筑，如何促进了城市的商业化，却忽略了日常城市生活的复杂性。他提出了维克多·雨果一百多年前提出的同样的问题：我们的城市到底实质如何？

无关紧要的标志物

　　列斐伏尔阐述了标志及其对立面——日常——的完整循环过程。他预测，"非元叙事标志"将在城市体验中发挥越来越大的作用，以及城市作为一种模拟的奇观，将如何取代城市的真实体验。他反而把建筑师视为"空间的实践者"[25]，而不是标志性信息的传递者。波德莱尔、杜瓦诺和列斐伏尔都宣扬日常生活高于标志性，他们发现了日常生活潜在的美。他们没有依赖于标志性的信息和幻觉术，而是聚焦于城市的人以及他们与空间和时间的相互作用。最重要的是，要利用建筑来创造空间，从而反映和提升城市生活的丰富性。

答案：多走路

　　我们如何帮助实现这一目标？波德莱尔、杜瓦诺和列斐伏尔都给出了答案——我们需要多走路。波德莱尔用步行来探索他的灵感来源——城市。杜瓦诺提倡"漫步的运气"，这使他能够在偶然间捕捉到城市中的意外瞬间。另一方面，列斐伏尔则记录了步行，特别是人群的步行对城市节奏的影响。

　　步行是一种统一的行为。我们所有人都共享相同的路面，呼吸着相同的空气——我们不需要买得起月票，也不需要付得起最新款汽车的钱。步行是我们与建筑之间的空间互动的方式；正如环境和政治作家丽贝卡·索尔尼特（Rebecca Solnit）所说，步行可以保持"公共空间的开放性和可行性"。[26] 尽管最近采取了将城市内的公共空间和人行道私有化的措施，[27] 但步行仍然是最民主和最具包容性的交通方式。步行的速度也很适合思考、反思和观察。骑车经过建筑物或会使人很难辨别主题的细节；驾车出行是一种孤独的行为，会导致你与周围的人疏远，而速度则会使你周边的视野变得模糊。乘火车经过时，人、空间和建筑就会被拉长，变得模糊一片。步行是唯一一种真正能让人沉浸在城市环境中并反思自己的城市体验的出行方式。还是如索尔尼特所说，步行是"每小时 3 英里的思维"。[28]

　　无论是作为从纪念性建筑到标志性徽章的游客，还是作为从住所到工作场所的居民，步行都填补了我们城市体

格拉斯哥　转角细节处理，既像恐怖幽默，又像在讲故事

伦敦　传统砖砌细部，体现了多样性与经济性并重

布达佩斯　屋面通风作为建筑屋顶的细节，是形式与功能的一个古老例子

格拉斯哥　在拆迁过程中暴露出来的层层历史

伦敦　令人难以置信地展示出令人震惊的城市规划——过往汽车侵占了永久性社区

布达佩斯　弹孔向人们提示着过去的动荡

验的空白。在城市的品牌形象之间，或者在我们的惯常领域和在这些空间中展开的事件、人物和时间之间，我们都看到了城市。步行为我们提供了多种机会，让我们了解人们如何以不同的自发方式使用空间和建筑。只要我们愿意，步行就会让我们大吃一惊。

打造城市的实质

　　受波德莱尔、杜瓦诺和列斐伏尔的启发，建筑师们可以帮助扭转城市作为营销活动的趋势，扭转建筑作为标志性品牌的趋势，扭转建筑成为日益空洞的信息载体的趋势。通过成为城市的侦探、观察者和分析家，我们就能做到这一点：

　　• 通过探索，让我们自己从我们的城市环境中获得惊喜和灵感——而不是接受被灌输的城市形象。相反，我们应该形成自己对城市日常生活的印象，让它来告诉我们应如何对我们创造的空间和建筑做出反应。

格拉斯哥 独特的气候条件营造出有感染力的城市氛围

伦敦 建筑物之间的非常规高架桥令人惊讶

布达佩斯 仔细看，会发现古老城墙内的现代细节

格拉斯哥 阶梯式建筑入口成为演讲者和抗议者的高架平台

伦敦 临时露天市场照亮了考文特花园的黯淡时光

布达佩斯 有了家具和照明，小巷变成了热闹的地方

● 步行提供了一个独特的视角，让我们了解人们——个体和群体——实际上是如何使用空间的，让我们反思我们创造的建筑与空间所带来的问题和机会。

● 步行让我们能够通过漫步来追溯城市的历史层次，注意到被遗忘或被忽视的空间、建筑或历史痕迹，这些可以影响我们的设计所处的历史和社会背景。

● 向建筑中隐藏的细节学习—— 一段特殊的砖带是如何形成的，一处屋顶通风口如何无缝融入了整个屋顶形式，一个转角如何成为一个幽默装置。步行使我们能够观察并分析这些细节。

● 通过在标志性区域或建筑之间的空间中漫步，我们可以评估为什么这些区域很少有人光顾。具体来说，是什么让这些地方无人问津？我们如何予以改进？

这样，我们就可以学会成为空间的实践者，而不是幻象的实践者。我们可以创造有实质内容的城市，而不是有标志物和纪念性建筑的城市。

影响
本土化与全球化

influence，影响，动词
源自拉丁语 —— fluere（传播）
1. 诱导或产生效果。
2. 说服或促使（一个人）采取特定的行动。

　　随着我们与互联网的关系不断加深，直到它几乎成为我们自己的延伸，我们与成千上万张我们抓拍、分享和上传的图片的关系也在加深。一个普通的美国成年人每天花在看屏幕上的时间超过 11 个小时。这样的视觉饱和使我们对单个图像变得不敏感，甚至会导致焦虑和记忆障碍。[1]

图像过剩
　　设计建筑物的过程也被数字图像所淹没——建筑师们只要点击一下，就可以窥视、觊觎这些图像，并最终剽窃成为自己的项目。我们利用互联网，心不在焉地挖掘图像，使之适合我们的设计，乐此不疲。这样的设计是参考令人兴奋的图像得来的，随后也会成为其他人的参考。
　　这些图像有许多是截取出来的，只选取了建筑的特定部分。图像中通常没有人，也没有清晰地描述用到的建筑物；服务系统、劣质工艺或笨拙的设计细节都可以通过图像软件处理掉。尽管如此，这些昙花一现的、筛选过的、虚假的图像，在许多平台上仍被认为是对建筑作品的准确表现。

"范例"——图像作为设计方法
　　建筑学专业的学生通常被鼓励在其设计雏形旁边钉上"范例"图片。这些图片旨在传达项目的意图和愿望：所创造空间的预期用途，所使用的材料，建筑的形状，等等。与通过建模和分析来探究设计不同，范例图片成了生成设计所依赖的拐杖。很少有学生质疑这一过程。
　　快进十年，假设我作为一名合格的建筑师参加设计评审会。新公司，第一次崭露头角的机会；我把一些初步草图和一系列范例或鼓舞人心的图片钉在墙上。当我向主管们介绍项目时，其中一个人把图片从墙上扯下来，扔进了垃圾桶。他们对此未作任何解释，但传达的信息很明确：不要参考其他人的图片来生成你自己的设计，要针对任务书、场地以及物理与社会背景做出响应。

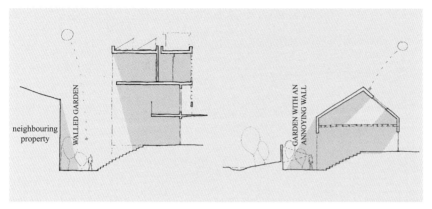

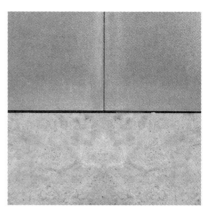

剖面 圣保罗市中心区的带围墙花园住宅（左图）；苏格兰乡村，花园一侧的墙毫无用处，还遮挡视线（右图）

耐候钢（Corten）混凝土细部
西班牙

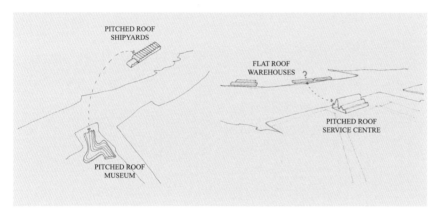

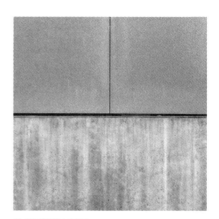

屋面 英国格拉斯哥交通博物馆（Transport Museum），扎哈·哈迪德设计（2004~2011 年）；中国台湾高雄港口服务中心，久保田与巴赫曼公司设计（2010 年）

耐候钢混凝土细部
伦敦多雨，耐候钢污渍斑斑！

另一种设计方法

图像一直是建筑设计过程的一部分，被建筑师用作参考工具，使他们能够设想一个地方或一栋建筑物，而不是实际去那里。这些图像通常以实地考察、大型模型制作和建筑文化背景研究作为补充。现代的类似手段是使用谷歌地球（Google Earth）和街景（Street View）等程序，它们为我们提供了大量关于全球各地的详细图像。然而，这些都是生硬的参考工具，会促使我们根据表象做出判断，而不是对一个地方或一栋建筑物的象征、美学、气候或技术等方面进行严格审视。

亚历山大·"希腊人"·汤姆森

19 世纪中叶的苏格兰建筑师亚历山大·汤姆森（Alexander Thomson），昵称"希腊人"，是一位懂得如何利用所受到的影响的人。汤姆森将不熟悉的、外来的和陌生的元素融入他的家乡格拉斯哥的城市结构中，创造出具有当地

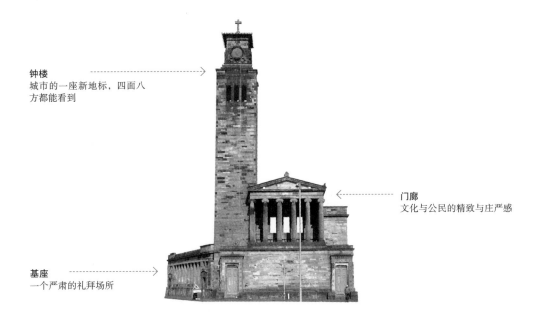

钟楼
城市的一座新地标，四面八方都能看到

门廊
文化与公民的精致与庄严感

基座
一个严肃的礼拜场所

特色、又仍具有突破性的建筑。也许对今天的建筑师来说，最令人振奋的莫过于："他关于古代和当代建筑的知识，似乎都来自一座藏书丰富的图书馆和各种建筑期刊"。[2]

汤姆森既没有财力也没有时间进行长期的建筑研究旅行——他的第一次出国旅行是在他去世的那一年，1875 年。然而，学习使他能够将多种影响——从质朴的罗曼风格，到华丽的新古典主义、古老的埃及图案和装饰，以及美国的新型工业材料——整合成深思熟虑、超前于时代的折中主义作品。这些作品通过挖掘普遍的象征意义，使不熟悉的元素——门廊、钟楼、爱奥尼克柱廊、欧亚棕叶饰等——变得熟悉起来，从而利用这些元素并使用当地材料重塑当地建筑类型。汤姆森可能受到过图书馆和期刊中的图片的启发，但他超越了那些图片。以下是他的三个作品实例。

加勒多尼亚路教堂

加勒多尼亚路教堂（Caledonia Road Church）建于格拉斯哥的一个工业区，在克莱德河（River Clyde）以南，于 1856 年完工。当时流行的教会建筑风格是新哥特式，因为苏格兰建筑师们从英国和法国寻找灵感。而汤姆森则把目光投向了更久远的过去和更广阔的范围。

当教堂设计完成时，格拉斯哥已经成为一个主要的铁路城市。教堂的场地位于从南方来的主要铁路线交叉处。汤姆森知道他的设计将成为这座城市的"标志"之一，对于从伦敦远道而来的铁路乘客来说，是一个象征性门户。因此，建筑必须向游客展

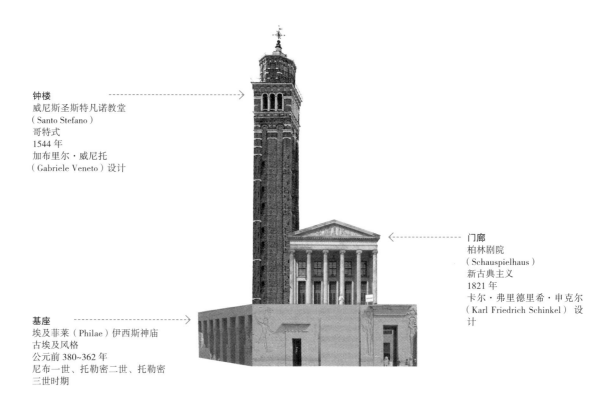

钟楼
威尼斯圣斯特凡诺教堂
（Santo Stefano）
哥特式
1544 年
加布里尔·威尼托
（Gabriele Veneto）设计

门廊
柏林剧院
（Schauspielhaus）
新古典主义
1821 年
卡尔·弗里德里希·申克尔
（Karl Friedrich Schinkel）设计

基座
埃及菲莱（Philae）伊西斯神庙
古埃及风格
公元前 380~362 年
尼布一世、托勒密二世、托勒密
三世时期

示这座日益全球化的城市的重要性，为了实现这一目标，汤姆森在设计中包含了各种古代元素，作为权力的普遍象征。

——钟楼

教堂的钟楼是罗曼式的，顶部有灯笼塔和十字架，是典型的意大利式钟楼的简化版。钟楼以坚固的外观和笔直的石雕柱体现了罗曼式建筑堡垒般的特点，[3] 同时也提供了一个新的地方标志，使人们从很远处就能看到城市。

——门廊

汤姆森的第二个影响体现在古希腊门廊上。门廊采用六柱式爱奥尼式结构，轻巧、开放，与坚固的塔身和厚重的底座形成对比。受申克尔 1821 年设计的柏林剧院的启发，汤姆森试图为他自己的建筑以及这座城市注入古希腊建筑所投射的城市的精致与庄严感。柏林剧院本身很可能参考了雅典卫城的伊瑞克提翁神庙（Erechtheum）。

——基座

朴素的基座仅在主入口处提供了通向正面的开口，两侧设置狭窄的窗户。整个建筑给人的印象是坚固、庄严和黑暗，与埃德夫和菲莱等古埃及神庙如出一辙。汤姆森清楚地表明，这是一个礼拜场所，一个严肃的地方。

格拉斯哥公寓　　　　　　　　　　摄政街联排住宅　　　　　　　　　　沃尔默新月公寓

沃尔默新月公寓

另一座显示了汤姆森具有将多种影响融合在一起的能力的建筑，是他于1862年设计的沃尔默新月公寓大楼。

格拉斯哥的公寓楼是一种城市中普遍存在的建筑类型，这种建筑类型遵循一些基本规则：三至五层楼高，有规则的竖向窗口，客厅带有伸出去的凸窗，套房由中央公共"玄关"或门厅隔开，总是用砂岩建造，顶部为石板屋面。这种建筑类型适应性强，能够容纳城市绝大多数人口，而且现在也仍然如此——无论他们是租户还是房主，是穷人还是特权阶级。在比较富裕的区域，你会看到更精致的装饰和细节；在城市的许多工业和造船基地附近的不太富裕区域，通常没有穹顶和角楼，凸窗也不常见，弧形的转角是多面体形。

在沃尔默新月公寓项目中，汤姆森是第一位、也可以说是唯一一位成功地遵守了格拉斯哥公寓规则的建筑师。如同在加勒多尼亚路项目中一样，他利用了各种影响因素，并根据具体情况和项目要求进行调整，从而做到了这一点。

——凸窗

典型公寓项目的凸窗只从主立面稍微突出一点，看向街道尽头的视野只是略多一点，采光稍好。而在沃尔默新月公寓项目中，汤姆森利用这一特征来定义整体构图的视觉节奏，并提供额外的内部空间。汤姆森没有采用将单个窗户轻微突出立面的做法，而是将相邻两套房间的凸窗扩大并成对布置，从而形成露台特有的形式特征。

——屋顶

通常情况下，公寓楼屋顶由山墙或斜坡组成，中间有突出的屋脊——这种陡坡使人们从街道上可以清楚地看到石板屋面。汤姆森没有这样做，而是设计了一个延伸出来的石砌女儿墙，改变了屋顶线，形成两个较小的双坡屋顶，中间有一个铅制排水

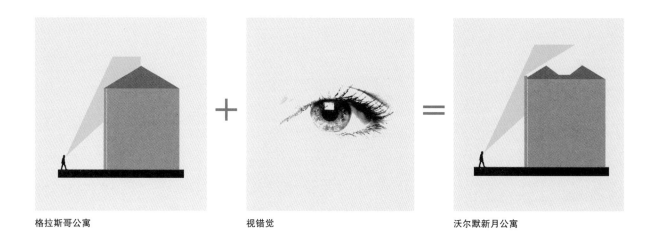

格拉斯哥公寓　　　　　　　　　　视错觉　　　　　　　　　　沃尔默新月公寓

沟——这样就降低了屋顶的整体高度，确保从街道上看不到屋面。这个小手段使汤姆森设计的公寓楼摆脱了无处不在的厚重石板屋顶，格拉斯哥所有住宅建筑曾经都是那样的屋顶。仅呈现石材拼接的做法赋予建筑以坚实、整齐划一的外观和"粗犷雄伟"[4]的气势，而这显然不是住宅的特征。

　　——带状粗面砌筑

　　格拉斯哥的公寓是用砂岩琢石（Ashlar）块建造的，这些大而规则的砌块边缘方正，[5] 使立面具有整体性，仅在洞口和檐口处断开。汤姆森再次避开了当地的传统做法，转而采用文艺复兴时期和巴洛克风格的细部处理，使用了带状粗面砌筑方法（一种强调水平砌体接缝、尽量缩小垂直缝的方法）。为了与 16 世纪和 17 世纪罗马建筑师所采用的技术保持一致，这种粗面砌筑也是渐变的，底层条带状非常明显，上层则逐渐减弱。通过这种处理，汤姆森给这种普通的住宅建筑类型带来一种宏伟的城市氛围。

　　汤姆森对建筑类型的改造始终以宏伟为主题。他很可能是在迎合受众，而且毫无疑问，他对格拉斯哥公寓的独特改造给客户和未来的富裕公寓业主留下了深刻印象。最重要的是，他通过调整当地建筑元素来融入全球的影响因素，从而保留了既适合建筑类型也适合城市的粗犷、坚固的外观。

巴克大厦

　　位于格拉斯哥市中心的巴克大厦（Buck's Head Building）于 1863 年竣工，并于 1864 年进一步扩建。在沃尔默新月公寓项目中，汤姆森对现有建筑类型进行了更新和改造，而巴克大厦则相反，汤姆森采用了一种新的、外来的建筑类型——仓库，并在一个位于中心的历史遗址上将其融入城市肌理中。

　　到 19 世纪 60 年代，格拉斯哥已经成为一个全球性的工商业城市。城市扩张需要

巴克大厦 格拉斯哥，1863 年

第2章 分析

加德纳仓库（Gardner's Warehouse） 约翰·贝尔德（John Baird，主教）设计，格拉斯哥，1856 年

一种新的建筑类型来存储和展示那些舶来的货物，那就是仓库。汤姆森在设计巴克大厦之前和之后都设计过仓库，但只有在这个项目中，他才真正接受了这种新类型在使用材料、外部色彩和大面积玻璃等方面的种种可能性。

——铸铁

起初，与石头相比，铸铁纤细、精致的特性似乎并不适合体现汤姆森设计风格的坚固性。汤姆森以前使用过铸铁，但只是在内部使用，作为尽量减少内部结构元素的手段。这个项目是他第一次在建筑外部使用铸铁。继约瑟夫·帕克斯顿（Joseph Paxton）设计伦敦水晶宫（1851 年）和约翰·贝尔德（John Baird）设计格拉斯哥加德纳仓库（1856 年）的创新之举之后，汤姆森尝试使用了两层楼高、优雅锥形和具有异国情调细节的铸铁柱子，与上面坚固的石材地板和屋顶采光窗形成对比。汤姆森为一座充满创新与进步的现代化城市做出了显著贡献。

——色彩

在建筑外部使用铸铁给汤姆森带来了另一个机会，灵感来自他钟爱的古希腊

多彩的外观
巴克大厦

多彩的室内
霍姆伍德住宅（Holmwood House）

多彩的室内
霍姆伍德住宅

巴克大厦　格拉斯哥，1863 年

霍塔住宅（Horta House）
维克托·霍塔（Victor Horta）设计，布鲁塞尔，1901 年

人——使用多彩配色方案。他以大胆的多色室内设计而闻名——尤其是在霍姆伍德住宅中，在室内采用了柔和的红色、绿色和蓝色调，他在教堂木门设计上也是如此——使用铸铁，他又有机会为建筑立面增添色彩了。与他在其他建筑中使用的砂岩不同，铸铁必须涂漆防腐。[6] 因此，汤姆森接受了这一功能性要求，并将深植于他的影响中的异国情调融入其中，给铸铁涂上了橙色、蓝色、象牙色和紫色。这种以当地砂岩为背景大胆运用色彩的做法，体现了汤姆森作品中全球化与本土化、古代与现代之间的和谐。

——窗户

汤姆森在巴克大厦项目中的另一个创新之举，是增大了立面上的虚与实，或者说是玻璃与石材的比率。通常，汤姆森作品中的洞口都是由单块石材雕凿而成的，带有精心设计的细节。在巴克大厦中，立面的中间部分几乎就像幕墙一样——巨大的平板玻璃窗之间的石墩隐藏在精致的铸铁柱后面。或许帕克斯顿和贝尔德的早期创新使汤姆森摆脱了束缚，他利用这种结构上的经济性产生了巨大的美学和功能效果。仓库会射入更多的光线，让顾客能够充分地欣赏陈列商品，而窗户则采用近乎新艺术风格（这种风格直到 20 多年后才出现）的做法，这在他的作品中是前所未见的。

汤姆森恰到好处地为这座蓬勃发展的城市创造了这种新的建筑类型，既现代又大胆。巴克大厦几乎是他所有作品中的一个特例，因为他接受了最新的技术，并将其与来自古代的影响因素相结合——这正是结构逻辑的分水岭。[7]

驾驭影响因素

汤姆森的作品可以为当今图像过剩状态下的建筑师们提供一些宝贵的经验，帮助他们驾驭品味和影响因素，从而创造出既有异国情调又不失地方特色、既现代又永恒的建筑：

- 应始终对影响因素进行筛选和分析，而不是盲目复制。
- 要充分研究和审视你的影响因素或范例，以了解将其应用于自己设计的复杂性。
- 在设计中，影响因素的使用应由要实现的目标来驱动，而不是仅仅因为你喜欢而使用它们。
- 要以某种方式利用影响因素，为建筑、客户的目标和环境增添象征性或功能性的庄严感。
- 不要害怕综合利用影响因素——可以使用市政建筑作为设计住宅建筑的参考，反之亦然。
- 请记住，所有的建筑都有适用的品质，无论何种类型。
- 要接纳新技术，但要采取一种永恒且植根于更古老理念的方式。否则，你设计的建筑会随着技术的发展而迅速过时。
- 利用全球化影响要与当地条件和传统相结合，从而形成既具普遍性又具特殊性的应对措施。

如果我们像汤姆森那样能够做到上述所有方面，那么我们就能设计出对各种影响因素做了精心挑选和研究的建筑，集全球化与本土化、激进与永恒于一身。

重塑

reclaim，重塑，动词

源自拉丁语 —— reclāmāre（抗议，喊叫）

1.（及物动词）要求收回；重申某人对某一特定头衔、财产、角色等的权利。

2.（不及物动词）抗议；反对。

建筑师是建筑业的代言人——不再是明星演员，而是主人。他们要承载多方面的职责：客户的资金与愿望，政府的规章与制度，工程师的约束与限制，以及承包商的计划与预算。建筑师将这些行为整合成一个运行平稳、易于展示的项目包，在市场上营销和出售，如果幸运的话，还会有他们自己的妙语或赞歌可唱。

不过，这就够了吗？我们如何才能重新确立我们作为创造者和表演者的地位，而不只是作为淹没在大人物之中的主持人？

学会成为主要建设者

当建筑工人们对佛罗伦萨大教堂的棘手建造细节感到困惑时，菲利波·伯鲁乃列斯基会制作一个蜡制或黏土模型，或者雕刻一个萝卜，来说明他想要什么。[1]他对建筑技术各方面的敏锐理解使他能够以如此自然而直观的方式传达他的观点。和伯鲁乃列斯基一样，我们也需要了解我们的设计是如何实际建造起来的，而不是简单地设计到一半，然后期望建造者能解决其余问题。设计概念依赖于对细节的关注才能充分实现。如果这意味着建筑师要像学生一样学习如何建造，要制作 1：1 比例的细节模型，或驻在现场——那么就这样做吧。如果不这样做，客户最终将失去对建筑师能力的信任，认为其只会提供不成熟的想法。

开发我们自己的项目

我在职业生涯中听到的最令人沮丧的事情之一，是一位前老板担心未来的工作，并宣称"我只需要认识一个有钱人"。他完全仰赖有钱有势的客户，一路做出各种妥协和让步。

我们不要简单地遵循客户的提议。就像电影导演要挣脱电影公司的商业需求，音乐家要创立自己的唱片公司一样，作为建筑师，我们也需要达到这样的境界：我们正在设计的，就是我们想要和需要的建筑与项目，而不是客户或开发商让我们做的。为什么不

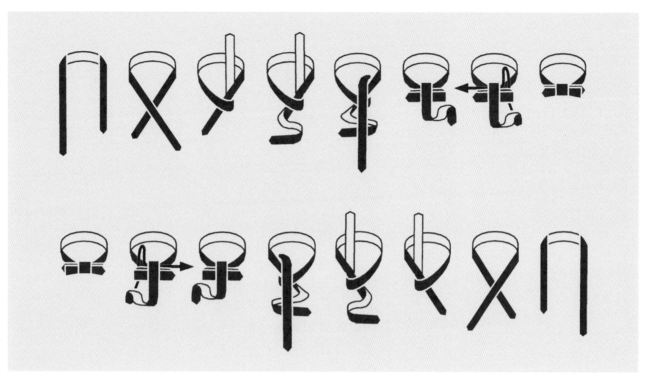

让我们解除束缚

购买土地，想干什么就干什么，为社会和建筑进步做贡献，而要协助开发商把土地当作商品来用？为什么不设想一个概念，并使用创新的融资方式来实现它，而是等待可能永远不会出现的梦想工作呢？这并不是说，客户的约束和愿望一定产生不了有意义、精美的项目。但是，这种相互作用常常会扼杀创造力，限制获得社会利益的机会。只有纠正了这种不平衡，我们才会成为真正的创造者——而不只是促成别人的想法或商业目标。

对客户以诚相待

对于建筑师来说，普遍乌托邦式的观念既是馈赠，也是诅咒——既可以使我们富有远见和雄心勃勃，但也使我们过于自信，且对设计中的潜在缺陷视而不见。我们绝不能失去乌托邦精神，它定义了我们自身。然而，我们必须证明我们的想法在现实中是可行的——并诚实地说明这些想法将如何实现以及它们的影响。我们需要更像科学家，通过收集证据对预测的变化进行量化。一个项目的设计质量真的会使房屋或区域增值吗？那就搞清楚到底能增值多少。一个空间对使用者的心理影响是什么？那就利用虚拟现实技术，聘请心理学家进行预测。只有通过使用经验证据，我们才能实现更精简、更高效的设计，从而更接近我们的崇高理想。

通过控制我们的技术作用，创造我们自己的项目，并证明我们的想法是可行的，那么我们就可以重新确立作为创造者的角色。

海藻农场方案（SEAWEED FARM PROPOSAL）
英国阿里塞格（Arisaig），J. 泰特设计，2008 年

尊重
政客和丑陋的建筑

respect，尊重，动词

源自拉丁语 —— respicere（回顾，关注）

1.（及物动词）高度重视或敬重。

2.（及物动词）对……表示适当的关注。

3.（及物动词）考虑，对……表示考虑。

"我当然是受人尊敬的，我老了。政客和丑陋的建筑，只要能持续足够长的时间，都会得到尊重"。

诺亚·克罗斯（Noah Cross），《唐人街》（*Chinatown*），1974 年

在罗曼·波兰斯基（Roman Polanski）1974 年的电影《唐人街》中，实业家恶棍诺亚·克罗斯在他自己的体面宣言中提到了"丑陋的"建筑。言下之意，如果你有足够的时间去承受连续事件带来的创伤，那么无论早先举止如何，你都会开始获得尊重。

让我们假设总有一些建筑在某个特定的时间被某些群体认为是丑陋的。这可能是由多种因素造成的——也许它们在形式上令人震惊或过于大胆，也许它们没有遵守公认的规范，或者它们以一种令人不适的方式与紧邻的环境并列在一起——从功能或社会的角度来说，它们代表了一些不受主流欢迎的东西。然而，这些"丑陋的"建筑自然地融入了城市景观，藏污纳垢，经受风雨，每天都在使用，并最终随着新鲜感的消退而逐渐消失在背景中。曾经被视为激进或有争议的建筑，随着时间的推移变得不那么激进了。公众对最初让他们感到震惊的东西变得麻木了——而且总是有新的东西让人感到震惊。

但是，我们如何才能加快这种接受的过程，同时又不削弱我们在建筑上的雄心和斗志呢？以下是一些策略：

不要为了建造新建筑而拆除古老而珍贵的建筑

拆除古老而受人喜爱的建筑作为新开发项目的一部分会带来问题，原因有两个。首先，建筑师会宣称他们设计的建筑比之前的建筑更有价值。其次，建筑师可能会拆除一些对当地甚至全国的居民有情感价值的东西。

这并不是说所有旧的东西都不能被拆除。如果现有结构不能用或无法修复，那么拆除是一种选择。不过，首先，你应该评估是否可以保留现有结构并将其纳入新方案。

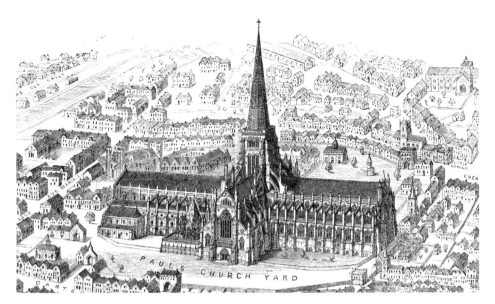

旧圣保罗教堂
哥特式尖塔

新圣保罗教堂
文艺复兴穹顶

即使你的新建筑比以前的更好，如果所有过去的痕迹都被抹去，公众可能也需要很长时间才能接受这一点。

克里斯托弗·雷恩爵士（Sir Christopher Wren）在他最初为伦敦圣保罗大教堂（St Paul's Cathedral）所作的设计中，创造性地解决了这一难题。1660 年，雷恩受命对建于 11 世纪的老圣保罗大教堂进行结构评估，他得出结论，认为尖塔和塔楼需要拆除。雷恩知道这会遭到反对，特别是他的建议还是建造一个新的意大利风格穹顶——那显

119

碎片大厦（THE SHARD） 建造中，下面是圣保罗大教堂；从伦敦汉普斯特德·希思（Hampstead Heath）看的景色，2011 年

然是非传统、非英国式的象征。于是雷恩建议围绕现有尖塔建造新穹顶；只有当圆顶建成、尖塔在被遮住看不见之后才会被拆除。[1] 雷恩的逻辑是，只有当公众看到了新穹顶的威严时，他们才会接受拆除旧尖塔。[2] 不过，雷恩的计划没有派上用场，因为 1666 年的伦敦大火替他完成了拆除工作。

不要破坏古老而受人喜爱的建筑的景观

让我们快进 350 年，从雷恩的穹顶完工来到同样也在伦敦的伦佐·皮亚诺（Renzo Piano）设计的碎片大厦，看看关于接受的循环故事。碎片大厦曾受到各种历史和公共机构的强烈抗议，因为它比较接近圣保罗大教堂的穹顶——当时伦敦有 13 个"受保护的城市景观"，圣保罗大教堂是其中 8 大主要景观之首。

碎片大厦（正式名称为"伦敦桥塔"）最终摆脱了这些担忧——但是建造伊始并非一帆风顺。如果它坐落在伦敦其他任何著名的河畔地段，远离圣保罗大教堂的保护视野，或者如果它在高度或形式上对所处位置做出回应，那么

利德霍尔街 122 号 "奶酪刨"（罗杰斯、斯特克、哈伯建筑事务所设计，2014 年）和圣玛丽阿克斯街（St Mary Axe）30 号，"小黄瓜"（福斯特建筑事务所设计，2004 年）

它可能在建造初期就不会这么艰难。不过话又说回来，那它就不是碎片大厦了——一个容易识别的符号，一个位于城市中心的夸张的地标。300 年后，碎片大厦是否能达到和圣保罗大教堂一样的受尊敬程度，还有待观察。

如果提出的方案有些激进，那就起个昵称

昵称是接受的标志。想想孩子们：一个新来的孩子加入一个群体，过一会儿他或她就会有一个昵称。只有在两种状况下才会给孩子起昵称：孩子证明了他们值得得到这一认可的标志；他们从此以后会自豪地用新名字。

类似的情况也适用于建筑物及其昵称。昵称反映了建筑物设计中清晰的形式和象征意义，这种清晰性可以使建筑物立刻变得熟悉。这个昵称如果能一直叫下去，还能帮助建筑成为当地或全球的标识，甚至是标志。例如，伦敦的"奶酪刨"（利德霍尔大楼），格拉斯哥的"穿山甲"（Clyde Auditorium）和惠灵顿"蜂巢"（新西兰国会大厦行政楼）。最近最著名的建筑昵称或许当属福斯特建筑事务所设计的"小黄瓜"。这栋建筑简单、标志性的形式如今已成为现代伦

敦天际线不可或缺的组成部分——这是它在开业几年内实现的。

想要设计一座有预想昵称的建筑是不可能的，也不明智，但大多数有昵称的建筑都有一个特点，那就是独特性，有时甚至是一种激进性（见赫尔佐格与德梅隆事务所设计的"鸟巢"奥林匹克体育馆），这使它们有别于同时期和同类型的其他建筑。与"小黄瓜"大约同一时间建造、位于同一城市的其他摩天大楼就显得没有那么独特和雄心勃勃，比如，加拿大广场 8 号、丘吉尔广场 1 号、银行街 25 号和银行街 40 号等。这几座建筑仍然以其最初的地址名称来命名。

有——或没有——昵称并不是品质的标志。但是，昵称可以帮助那些居住和使用建筑物的人快速接受。

明智地使用纳税人的钱（最好根本不用）

在起重机开始工作之前，最容易失去尊重的做法之一是被视为浪费公共资金。如果一个项目是私人融资的，那么总体态度会比较宽容。但是如果项目使用的是纳税人的钱，反应通常会截然不同。

用公共资金进行建设时，建筑项目的位置是第一个障碍。如果项目是在大城市，那些大城市以外的人就会抱怨公共资金只用于大城市。同时，如果在农村或小城镇建设，城市居民又会质疑：为什么公共资金被浪费在几乎没有人看到的项目上。其次，每个人都会有更有价值的理由来用掉那些提供给你的项目的资金。建造更多的医院、更多的学校，修补道路上的坑洼……除了你的项目，其他一切都可以。

位于伦敦格林威治半岛的千禧穹顶项目在设计时就遭到过这样的批评。1999 年，为了庆祝新千年的到来，理查德·罗杰斯设计了这个项目。

尽管项目资金几乎完全由国家彩票收益和私人资金提供，但还是有 40% 的公众认为这座建筑完全由公共资金资助，有 90% 的人认为部分资金来自他们辛苦挣得的税收。在小报和反对党的愤怒情绪煽动下，千禧穹顶被贴上了"国家的耻辱""简陋的帐篷"以及"有毒废物博物馆"等标签——这与穹顶将成为"世界灯塔"的提法形成了鲜明对比。许多人呼吁在千禧年前夕盛大开幕后的一年内将其拆除。

千禧穹顶项目当时失败的潜在原因有很多——包括财务管理不善、政治内讧以及缺乏有价值的市政目标等——但是只要项目被认为是用公共资金资助的，它就面临着一场几乎不可能获得认可的斗争。然而，如今，这座建筑已被重塑为私人拥有的音乐会场地——而且也持续了足够长的时间，获得了近乎善意的尊重。

我们能从这个项目中学到什么呢？建筑师无法回避公共资金项目——那将是商业和声誉上的自杀。而当受委托参与公共项目时，建筑师也不应该因为事关纳税人的钱就谨小慎微、委曲求全。也许建筑师所能做的就是：从一开始就对真实的预计成本和时间安排保持诚实；针对合理而有效的建筑采购方式提供建议；尽量减少对设计的更改，尤其是在招标后的阶段；以及与团队成员、承包商和客户进行快速有效的沟通。唯一比公共资助的建筑更不体面的，是预算超支或延期的公共资助建筑。

正如诺亚·克罗斯所说，只要持续时间足够长，所有建筑物都会获得一定程度的尊重——但是，通过考虑这里列出的四个策略，或许我们可以加快这一进程。

千禧穹顶 它吸引了一些头条新闻

"国家的耻辱！"

"简陋的帐篷！"

"有毒废物博物馆！"

故弄玄虚
参数化不是一种划时代的风格

obscure，使模糊，动词

源自拉丁语 —— obscurus（黑暗的）

1. 遮挡，使不清楚、模糊或隐藏起来。

2. 遮住视线。

3. 遮蔽。

建筑越来越受到刻意使用晦涩的概念和令人费解的手法的影响。这种故弄玄虚的现象有两个主要影响。

首先，它给基本观念带来一种虚假的知识价值感，行话连篇。这会影响建筑行业的交流能力——与本身以及与更广阔世界的交流。概念和项目应简明扼要地解释——否则，就会失去对所提议内容的兴趣或信心。

其次，教授与学生之间以及建筑师们之间的故弄玄虚圈子会产生一种环境，在这种环境中，项目的评判依据是对作品的描述，而不是作品本身。故弄玄虚在围绕参数化建筑或叫参数化主义的讨论中尤其盛行，并被推崇为"一种划时代的风格"，与巴洛克或现代主义一样重要。[1]

组织

参数化是关于"社会进程的组织"。[2] 详细地说是："建筑的社会功能是交流互动的创新组织和表达"。[3] 这听起来可能有点激进，但是作为建筑"交流互动的创新组织和表达"的一个例子，这些"风格"的主要支持者之一，帕特里克·舒马赫（Patrik Schumacher）鼓励我们，"想象一下波士顿这座城市，被毫无差别的柏油碎石路面覆盖着……一切社会秩序和社会差异都将分崩离析"。[4] 因此，这种"新"理论的最好例证就是人们千百年来一直在做的事情——划分和界定路径，以组织运动。

建筑可以创造、影响和协助社会进程，但这并不是它的根本目标。强调建筑必须"组织社会进程"似乎过于说教。舒马赫还提出，只有他的新建筑风格才足以使当今"后福特主义"（工业化）网络的社会进程井然有序。然而，看看巴黎巴士底广场（Place de la Bastille）的魅力，从 18 世纪到现在，那里一直都是抗议活动的场所；看看纽约中央车站（Grand Central Station）在过去一个世纪里每天来来往往的人潮；或者看看英国的巨石阵（Stonehenge），每年仍有数百万游客前往参观。所有这些都是过去构想的结构或空间，在今天仍然有意义。

过时吗？
巴黎巴士底广场，2015 年

过时吗？
纽约中央车站，2013 年

过时吗？
英国威尔特郡（Wiltshire）巨石阵，2010 年

参数化主义？
奥克尼（Orkney）斯卡拉布雷
（Skara Brae），公元前 3100 年

参数化主义？
加纳拉拉班加（Larabanga），
1421 年

参数化主义？
萨尔茨堡法兰兹卡教堂，
1635 年

参数化主义？
纽约 TWA 航站楼，
1962 年

不充满活力吗？
巴黎法网（Roland-Garros）

不充满活力吗？
格拉斯哥拱门（The Arches）

不充满活力吗？
《天鹅湖》（Swan Lake），克罗地亚普拉竞技场（Pula Arena）

清晰化

对于舒马赫而言，"清晰化承认有知觉的生物通过感知漫游空间"。[5] 这意味着，人们在体验和协商空间时会利用他们的记忆和感知力，以前曾经有人说过这一点——比如，J.G. 巴拉德、亨利·列斐伏尔或雷姆·库哈斯等。如果你在街上随便问一个人是如何体验建筑的，他们很可能会提到对空间或形式的记忆或体验。

这种"伟大的划时代风格"与巴洛克风格一致，将其不对称性和无定形性作为创造统一性的因素。[6] 参数化主义经常被推崇为化解现代主义过于简单和脱节的种种不足的办法。[7] 但是，参数化主义究竟意味着什么呢？参数化主义的定义是："建筑的所有元素都具有参数化的可塑性"。[8]

不够复杂吗？ 蒙特利尔人居中心，莫什·萨夫迪（Moshe Safdie）设计，1967 年

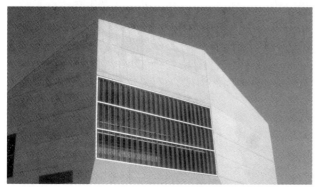

不够复杂吗？
波尔图音乐厅，OMA 事务所设计，2005 年

不够复杂吗？
伦敦蛇形馆（Serpentine Pavilion），藤本壮介设计，2013 年

这意味着摒弃了直线和基本形体，转而青睐借由运算设计生成的样条曲线、非线性曲面和泡状流体，据称这是建筑本体论的转变，而在过去的 5000 年里，建筑仅使用基本形体（圆柱体、立方体、金字塔、矩形等）。[9] 然而，新石器时代顺应地势的定居点、手工雕刻的土坯小屋的存在，复杂的哥特式拱顶，还有尼迈耶或沙里宁自由流畅的现代主义……这些似乎都表明，情况并非如此。

此外，我认为，相比故意扭曲的曲线所限定的空间以及它们所产生的无用空间，用正方形或矩形围合起来的空间可以更加自由、开放。一个空间不一定要看起来有活力才真的充满活力：想想球场上的网球运动员、地下室俱乐部里的狂欢者，或是演奏厅里的管弦乐队就知道了。这些空间都不需要弯曲来体现或组织发生在其中的社会进程。直线也可以提供多样性和复杂性。看看莫什·萨夫迪设计的人居中心 67 号大楼，或是雷姆·库哈斯设计的波尔图音乐厅，或是藤本壮介（Sou Fujimoto）设计的蛇形馆——它们都提供了形式和功能上的复杂性与丰富性，却根本看不到曲线、样条或斑点。

意义

最后是意义："有知觉的、社会化的学习体根据符号进行漫游和行动"。[10] 参数化主义的核心信念是：人们需要象征和符号来认识世界，而数字化创造的图案因此填补了当前建筑的感知空白。[11]

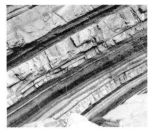

功能图案
岩层

功能图案
孔雀羽毛

功能图案
蜘蛛网

功能图案
河流

装饰图案
维也纳图书与学习中心，扎哈·哈迪德设计，2013 年

装饰图案
萨拉戈萨桥亭，扎哈·哈迪德设计，2008 年

装饰图案
因斯布鲁克恒亨格堡缆车站，扎哈·哈迪德设计，2007 年

装饰图案
广州歌剧院，扎哈·哈迪德设计，2010 年

结构图案
罗马体育馆，皮埃尔·路易吉·内尔维设计，1957 年

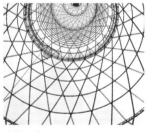

结构图案
莫斯科沙波洛夫卡塔，弗拉基米尔·舒霍夫设计，1922 年

结构图案
塞维利亚都市阳伞，尤尔根·迈尔设计，2008 年

结构图案
春日井市口腔科学博物馆研究中心，隈研吾设计，2012 年

　　然而，这样的图案对其使用者而言可能是无法识别的，从而失去了它们的价值；为图案而创造图案也存在一个基本问题。作为反例，可以想想自然界中各种各样的美丽图案：岩层、孔雀羽毛、纵横交错的蜘蛛网、蜿蜒曲折的河流等。所有这些皆出于必然；它们实际的美则出于偶然。如果创造的图案不是出于必要性和功能性，那就有可能产生没有用途的形式。同样，故弄玄虚会再次遮住视线。

　　诚实的结构可以产生出于经济性和必要性的实用、美观的结构图案，这方面的实例有：皮埃尔·路易吉·内尔维（Pier Luigi Nervi）的肋状顶棚，弗拉基米尔·舒霍夫的斜肋屋顶结构，或隈研吾最近设计的联锁木结构。思想应该进步、大胆且具有革命性，用来描述思想的语言则不应该纯粹为了效果而构建。激进的思想和简洁的语言会使我们正在努力实现的目标变得清晰，使我们能够与真正重要的人——建筑物的使用者——建立起联系。

英雄化
俄狄浦斯王与现代主义建筑师

heroize，使英雄化，动词

源自古希腊语 —— heros（英雄或战士）

1.（及物动词）英勇地或像英雄一样地表现。

在古希腊悲剧中，情节会聚焦于一个中心人物，即英雄——亚里士多德（Aristotle）将其定义为"陷入困境的人，不是因为罪恶或堕落，而是因为他在某些方面犯了错误"。[1]换句话说，英雄是自己垮台的主谋。理想的悲剧英雄会唤起人们的怜悯之心，因为一个曾经如此伟大的人会沦落至此——也会让人感到恐惧，因为这种命运也会降临到我们任何一个人身上。我认为现代主义建筑师正是一种悲剧英雄。

最初的悲剧英雄是索福克勒斯（Sophocles）同名戏剧中的俄狄浦斯王（Oedipus Rex）。俄狄浦斯寻求真相，让城市摆脱由众神带来的瘟疫，为拉伊俄斯国王（King Laius）悬而未决的谋杀案报仇。市民们向俄狄浦斯寻求答案，因为他是"大地之王，我们最强大的力量"。[2]俄狄浦斯愤怒地拒绝了别人的建议，坚信只有他才能拯救这座城市免于毁灭。然而，这种狂妄自大成了他垮台的原因，因为他发现了真相：他才是瘟疫的源头，他不知道国王拉伊俄斯正是他的父亲，而他在一场战斗中杀死了父亲。俄狄浦斯悲痛欲绝，弄瞎了自己的双眼，把王位让给了妻弟，从此彻底失宠。

像俄狄浦斯一样，现代主义建筑师也在寻找真理。他们的追求也像俄狄浦斯一样坚定，他们不惜一切代价地去实现它，正如勒·柯布西耶所表达的："（这是）道德问题；谎话是不可容忍的，人类会在谎话中灭亡"。[3]这种对真理的探索包罗万象，以前发生的一切都被视为"谎言"。[4]现代主义建筑师在所有规模和所有建筑类型中寻求建筑真理：

• 用途——从严格、理性的理想城市分区和总体规划，到在住宅尺度上重新组织家庭生活。

• 形式——从纯粹的、白色的、朴素的建筑形式，到简洁的线条和简单的室内透视。

• 施工——以机械和工业为基础的新方法得到推广，引入了通用标准化和重复。

• 细节——建筑细节被视为建筑整体精神的表达："上帝存在于细节中"是一句常见的口头禅。

像俄狄浦斯一样，现代主义建筑师曾经不仅有勇气和理想主义，而且有行动——他们试图用建筑形式来表达时代精神。就像俄狄浦斯王统治下的病态城市底比斯

英雄化
"不，我要卷土重来——我要让一切大白于天下！"
行动
"你们谁先把全城的人召唤过来，告诉他们我会竭尽全力。上帝保佑我们，我们将看到我们的胜利或失败。"
悲剧
"还是国王，万物的主宰？不再是了：你的力量到此为止。"

英雄化
"……旧建筑规范，以及4000年来不断演变的大量规章制度，已不再令人感兴趣；它不再与我们有关。"
行动
"建筑问题是当今社会动荡的根源；建筑，或者革命。"
悲剧
"你知道，生活是对的，建筑师是错的。"

悲剧英雄
俄狄浦斯王与勒·柯布西耶

（Thebes）一样，20世纪40年代饱受战争蹂躏的欧洲城市也为实践找到的"真理"提供了理想环境。正如俄狄浦斯在谈到他那瘟疫肆虐的城市时所说的，"经过痛苦的寻找，我找到了一种治疗方法。我立刻行动了"。[5]

现代主义建筑师的"白板式"（tabula rasa）设计方法在尺度、雄心和行动上都表现出英雄气概。其意图无疑也是高尚的。许多现代主义建筑的借口是：提供有利于快速社会变革的环境；使建筑与技术进步保持一致；提供满足所有社会阶层需求的住房；使用合适的现代材料进行建造；提供更多的机会接触绿色植物和新鲜空气。

然而，就像俄狄浦斯一样，现代主义建筑师的英雄特质——勇气、远见、智慧、果断——与导致他们失败的特质——傲慢、过于狂热、无知和轻率——相伴而生。这些相互对立的特质结合在一起，共同造就了新建筑形式的闪亮登场，这些新形式体现了纯粹、清晰和远见，但随着时间的推移，它们的缺陷也暴露无遗。

对汽车的依赖

现代主义城市规划是围绕着汽车设计的，当时（20世纪60年代初）世界上只有4%的人口拥有汽车。[6]这样做的目的是让城市交通畅通无阻，而行人可以享受开放空间和行动自由，不受汽车噪声和污染的干扰。在现实中，这种分离产生了大片无

意图

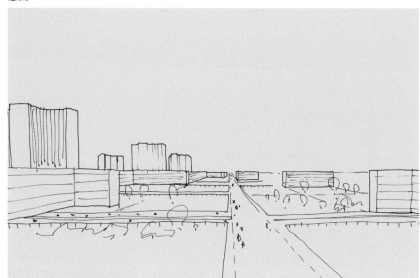

对汽车的依赖是无知的产物吗？现代主
义建筑师没有费心去想象这些高架公路
会是什么样子，或者它们在街道上会如
何发挥作用。行人的活动受到阻碍，从
公寓向外的视野被遮挡，前现代城市的
连续城市肌理出现了线性断裂

现实

　　　　　　　　　　第2章　分析

法步行通行的土地，而且需要有桥梁和隧道，使得行人远离了街头生活。正如建筑理论家肯尼思·弗兰姆普敦（Kenneth Frampton）所指出的，这个概念从一开始就存在缺陷："……本来曾有效地破坏了伟大城市（在勒·柯布西耶的眼中）的小汽车，现在却成了它的救星（同样也是在勒·柯布西耶的眼中）"。[7]

对抽象几何形状、秩序和重复的依赖

与历史城市的有机演变及其多层次的活动和功能相反，现代主义建筑师青睐"分区制"。他们根据用途将城市划分为一系列功能：教育功能、商业功能、文化功能、居住功能，等等。这种严格的分区制在世界各地的城市中实施，旨在使人员流动和这些地区的外观合理化。实际上，这种做法反倒"困住"了居民——例如，在严格的居住区，居民与以前在家门口的休闲和生产中心分开，而商业区在晚上工人们回家的时候又空无一人。与此同时，这些分区中的建筑又呈现出千篇一律和单调重复的特点。使城市生活如此令人兴奋的混沌和混乱已被设计得荡然无存。

对技术的依赖

现代主义建筑通常利用高度和垂直性，与过去的中层（3~5层）建筑相比，更倾向于"点"式大楼。科技——尤其是电梯的发明——促进了这种高度上的突然变化。塔楼的目的是释放地面上的绿色空间，为居民提供更好的视野和阳光。然而，这种位于建筑物之间的开放空间往往无人问津，而且了无生机，人们不再自发地在熙攘的街道上互动。对技术的依赖还忽略了电梯发生故障的可能性。

在某种程度上，现代主义理念的实施玷污了建筑师的英雄意图——失败并不纯粹是设计的结果。开发商和地方政府削减成本，使玻璃洞口尽量减小，早期现代主义对高品质材料的承诺也无法兑现，而拙劣的工艺和建造质量往往又加速了建筑物的老化。[8]到20世纪70年代，新的现代主义生活环境成了替罪羊，被误认为是犯罪率上升的罪魁祸首。[9]

当人们更加谨慎地应用现代主义理念时，建筑已被证明会更加持久。勒·柯布西耶设计的马赛公寓（Unité d'habitation in Marseille），或是密斯·凡·德·罗设计的底特律拉斐特公园（Lafayette Park），或是伦敦南岸中心（Southbank Center），这些建筑都有令人不可思议的形式与结构，创造出令人愉悦、永恒的场所，为环境及其使用者的生活增添了不可估量的价值。

关于建筑师如何避免成为悲剧英雄，这一切能告诉我们什么？从20世纪60年代末开始，各种答案层出不穷，有令人难以置信的未来主义，也有令人沮丧的倒退。以建筑电讯（Archigram）和Superstudiode事务所的奇幻作品为例，"行走的城市"和各种各样的巨构建筑都具有煽动性和颠覆性，弗兰姆普敦认为这些作品"是真正非确定

意图

致命的缺陷

对重复的依赖是出于傲慢吗？现代主义者相信他们的抽象图案的力量——城市就是重复的图案。这些理论规划中潜藏的危险只有在规划建成以后才暴露出来，因为对于周围城市及其居民而言，重复变得单调、沉闷而令人窒息

对技术的依赖是出于过度狂热吗？通过迅速地使技术处于这些激进概念的核心位置，无处不在的塔楼诞生了。技术进步消除了几千年来对街道的需求，街区之间的空间变得贫瘠而荒凉——赤裸裸地暴露在气候中，缺乏监控

现实

第2章 分析

性的，或者是社会无法实现和加以利用的"。[10] 其他现代主义者则转向了后现代主义，选择接纳象征主义和细节，[11] 比如菲利普·约翰逊（Philip Johnson）和詹姆斯·斯特林（James Stirling），他们都明白客户和公众已不再支持现代主义的理想。与此同时，莱昂·克里尔（Leon Krier）则领导了一场历史主义的复兴运动，创作了过去时代建筑的翻版——还有一些人青睐"社区建筑"，主张让建筑使用者参与设计过程，放弃他们自己作为建筑师的设计能力和责任，从而把权力交还给建筑使用者。

也许这样的方法缺乏悲剧的可能性，因为它们不具备悲剧的先决条件——英雄主义。当然，还有粗野主义的英雄般的作品——如勒·柯布西耶的晚期作品，还有马歇·布劳耶（Marcel Breuer）、保罗·伦道夫（Paul Randolph）、艾莉森·史密森和彼得·史密森夫妇（Alison and Peter Smison）、厄尔诺·戈德芬格（Erno Goldfinger）和丹尼斯·拉斯顿（Denys Lasdun）等人的作品。粗野主义者以他们自己的方式扩展了现代主义的语汇，具有早期教条所缺乏的感性和自由性。然而，作为一种运动，现代主义正在消亡，到20世纪70年代末，熊熊烈火已经熄灭。

我认为，实现现代主义的崇高理想，同时又对我们周围世界的现实负责，解决之道在于一位崛起于现代主义余烬的人——雷姆·库哈斯。库哈斯有后见之明——于1975年创办了自己的公司OMA建筑事务所。[12] 在我看来，库哈斯既不是悲剧，也不是英雄。对他而言，现代主义的失败已然发生（"现代主义的炼金术般的承诺——通过抽象和重复将数量转化为质量——是一种失败，一个骗局……"[13]），这意味着他的方法并不是英雄主义的现代主义，即让世界屈从于他的意志。相反，他宣称"建筑不能做文化所不能做的事情"。[14]

库哈斯认识到，他是在一个"极度空虚"世界的"垃圾空间"——"人类在这个星球上遗留下来的残余物"——中运作。[15] 这是一个有效果而无实质的建筑，以自动扶梯、隔墙、镜子、中庭、穹顶为特征，有无数不同风格和令人反胃的历史流派。它缺乏纯粹性和诚实性，是现代主义的对立面。正如他所说，"建筑师永远无法解释空间；垃圾空间是对他们故弄玄虚的惩罚"。[16]

库哈斯没有与这种混乱、不真实的环境做斗争，而是试图像悲剧英雄那样消除环境弊病。他回顾了那些令他着迷和厌恶的东西（购物、全球化、通用性）——客观地分析事物，然后利用他的发现来指导他的建筑方法。他不寻求绝对的真理，而是发现多个相互矛盾的真理。在解释他的看似矛盾的做法时，他说："这就是我的整个人生故事。逆流而上，也顺势而为。有时顺应潮流被低估了。接受某些现实并不排除理想主义。那样做可以带来某些突破"。[17]

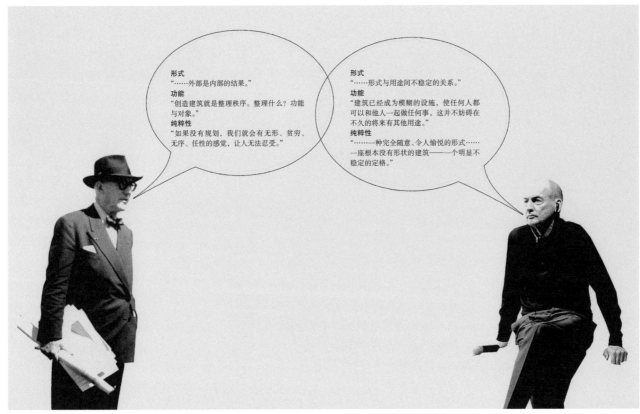

悲剧性的英雄与务实的乌托邦　勒·柯布西耶与雷姆·库哈斯

雷姆·库哈斯的设计始终有以下特点：

• 可信、可建造，又大胆而新颖——库哈斯是一个有梦想和行动力的人——他既不是一个"纸上谈兵的建筑师"，也不是一个缺乏野心或想法的建造者。

• 不关心风格——他的设计源于分析；是对所受到的力的独特反应，而不受某种特定风格的影响。

• 深谙世故，又绝非历史决定论——他敏锐地意识到他的设计所处的历史背景。他不会排斥或根除，也不会模仿和抄袭。他的建筑属于它们的时代和未来。

• 原创的产物——库哈斯不会被其他建筑或大众通用的建筑所"蒙蔽"。[18] 他通过研究项目的条件和提出定制的解决方案，来认识原创的重要性。

简而言之，这与说教式现代主义设计方法正好相反，如下例所示：

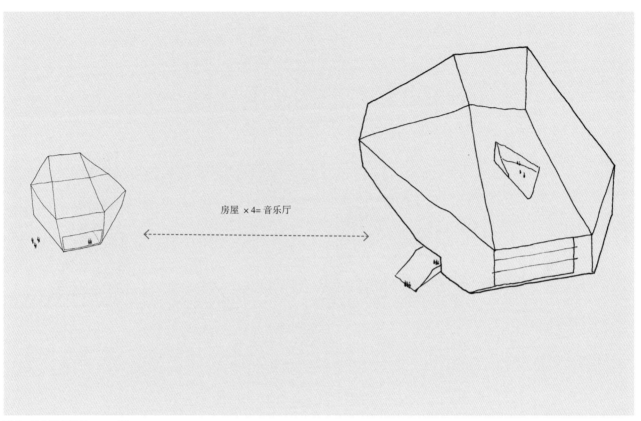

房屋 ×4= 音乐厅

形式 波尔图音乐厅，2005 年

形式——波尔图音乐厅（2005 年）

可以说这是库哈斯最出色的作品，[19] 也许真正的信息是在设计过程中，而不是建成品。波尔图音乐厅最初是一座住宅。然而，客户始终未被说服，最终在波尔图音乐厅的参赛作品即将提交的同时取消了项目。库哈斯在设计中苦苦思索，他从废弃的住宅项目中看到了一线希望。通过简单地扩展设计，他找到了突破设计障碍的方法。隧道形式的起居室成为完美的鞋盒式观众席，而与原客厅相连的多个存储空间和设备空间，则在扩大后成为观众的疏散口和交通空间。库哈斯彻底颠覆了"形式永远遵循功能"这一古老的现代主义格言："为一个非常特定的条件量身定制的方案，可以突然用于完全不同的目的"。[20] 通过在设计过程中引入偶然性和机会主义，库哈斯创作出他职业生涯中最好的建筑之一。

矛盾的功能 + 随意的包装 = 非纯净的随机性

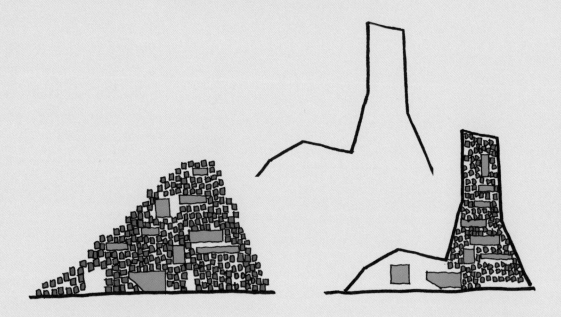

纯净性　北京中央电视台大楼，2002 年

特殊的塔楼 + 通用楼层 = 适应性建筑

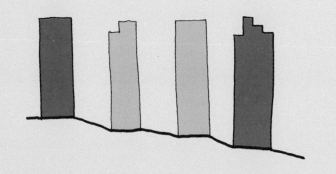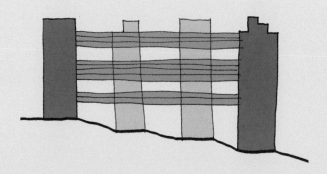

功能　洛杉矶环球影城（Universal Studios），1995 年

纯净性——北京中央电视台大楼（2002 年）

中央电视台（简称：央视）大楼是北京中国中央电视台总部鲜为人知的姊妹楼。这座建筑包含了大量的功能——包括剧院、数字电影院、录音室、会议与展览空间、酒店、宴会厅和水疗中心等，这给建筑带来了一个挑战：如何将这些相互矛盾的功能安排、组织得最好？库哈斯没有试图解决这些矛盾，而是将它们全部作为单独的体量，以一种"完全随意、令人愉悦的形式"[21]进行组织。这样产生了一群各种各样的体量，覆盖在单一表皮下，意外地创造出一个引人注目的建筑，同时也在看似不相容的功能之间以及公共与私人空间之间建立了新的关系。通过认识到任务书中的矛盾，库哈斯没有像现代主义者那样试图通过简化来解决矛盾，反而利用它们创造了一个复杂的建筑对策。

功能——洛杉矶环球影城（1995 年）

一个建设项目从开始到完成大约需要五年时间，而一个大型公司实体却处于"不断变化，甚至是动荡不安的状态"，库哈斯在认识到这一事实中的内在冲突后，[22]用这座建筑再次违背了现代主义教条。库哈斯没有盲目地按照五年后可能会过时的功能来设计建筑，而是将建筑设计为适应各种未知的未来用途。他以既通用又独特的建筑实现了这一目标：无论公司的组成变得多么动荡，办公楼层都提供必要的灵活性，而塔楼则确保维持单一实体。[23]通过这种设计方式，库哈斯为未来所有可能的功能做了设计。他没有强加任何可能在大楼建成之前就已经过时了的秩序。库哈斯没有采用现代主义的秩序、等级制度和功能主义，而是接受了建筑物未来使用中可能出现的整合、扩展和重组。

这三个例子展示了库哈斯的作品如何挑战建筑传统，从而避免了现代主义的缺陷特征：傲慢自大（他认识到建筑师不再是"万物的主宰"）、过分热心（他无意让社会屈从于他自己的意志，而是通过隐身和横向思维来寻找实现目标的方法）、无知（他着迷于周围的世界，并对其进行深入研究）和轻率（他的建筑从来不是绝对的，总是经过深思熟虑）。他避免过度组织、过度夸大影响力、过度依赖功能、过高估计建筑本身改变社会的能力。相反，通过对当前大都市状况和经济气候的敏锐洞察，他在建筑方法上同时兼顾了最崇高的理想和最严峻的现实。

改进

挑战任务书

improve，改进，动词

源自拉丁语 —— prodesse（有用的，要做好）

1.（不及物动词）使品质或条件变得更好。

2.（及物动词）通过改良使土地或建筑物更有用和更有利可图。

3.（及物动词）在质量或标准上比以前或其他方面有所提高。

利他主义与建筑

如果你不相信设计和建造会改善现有条件，那么其意义何在？如果你的作品不能以某种方式为人们的生活做出积极贡献，为什么还要投入情感、笔墨、你自己的时间、他人的时间、建筑材料和公关呢？在当今这个被市场力量和贪婪所主导的世界，这似乎是一个天真的观点，但我认为，利他主义和改善我们的世界正是建筑师角色的本质。

在建筑物的设计和建造过程中，建筑师常常独自寻求这种改善，有时也会得到客户的帮助。结构工程师解决抽象问题；服务系统工程师解决完工空间的通风和供暖问题；项目经理关注流程、进度和预算；承包商为赚钱而建造房屋；开发商希望将建筑转化为利润。所有这些合作者都为最终的项目做出了不可估量的贡献，但从根本上说，他们的作用是有限的，仅限于建筑物的概念和产生，而不是建筑物的全寿命。相反，建筑师所做的每一件事，都应将建筑物的最终寿命置于所有其他考虑之上。它会给使用者带来快乐吗？它会给那些看到它的人带来快乐吗？现在没有人关心悉尼歌剧院的竣工时间晚了十年，也没有人在意预算超出了十四倍。[1]

对改进的追求超越了建筑的规模、类型和功能：可以是改造一个小型公寓，为其居住者提供更多的光线和储藏空间，也可以是为托儿所创造一个受保护的户外游戏空间，还可以是实施美学干预，为一个地区或城市创造新的标志，或是实施一项总体规划，以开辟新路线，让城市更为畅通。

建筑师面临的挑战

在现实世界中，乐观的观点往往受到挑战，而不是被接受。对建筑师而言，挑战变得更加严峻，利他主义的范围变得不那么明确，而任务书似乎也不关心建筑物的寿命。有些建筑师不接受挑战：他们建造建筑就是为了吸引客户，为了满足他们自己的自尊心，为了赚钱。他们只能算是服务商，而不是创造者。

服务商式建筑师的设计

利他主义建筑师的设计

普通学生宿舍
走廊墙上的洞口尽量小，宽度尽量窄，一切都最小——走廊只是一条路线

巴黎学生宿舍，OFIS 建筑事务所设计，2012 年
宽敞的走廊，开阔的网格状墙，有景观和采光——走廊变成一个社交空间

学生宿舍像兔子笼一样堆叠着，设有私人门禁的综合楼避开了户外生活，或者办公空间只按出租区域进行划分，这些都是服务商式建筑师如何将客户或开发商的意愿直接转化为建筑形式的例子。相比之下，在利他主义建筑师的手中，潜在的可能性无论多么微小，都能借助于手段、协商和交付而变得清晰。

——学生宿舍

- 类型特征：劣质、经济性、重复性
- 利他处理：将交通空间转化为社交空间

在巴黎学生宿舍项目中，OFIS 建筑事务所的建筑师们提议设计"露天走廊，沿建筑背立面设置，并包含在网格状镶嵌的幕墙后面"。通道不再是没有光线的内部走廊，而是成为"学生们的开放公共空间"，[2] 可以看到外面的景色，也引入了光线。此外，入口区域等公共空间也被加宽，为嵌入式家具形成凹口。每间宿舍有严格的空间标准，

社区中心
捷克共和国布拉格，J. 泰特设计，2013 年

140

服务商式建筑师的设计

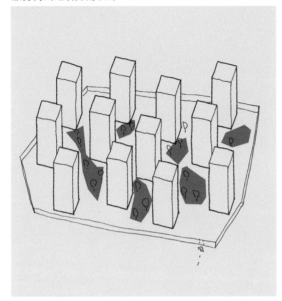

普通封闭社区
入口处有人值守，把开发项目从外部世界中守护起来；相对于建筑形式和私人空间，绿化和开放空间是次要的

利他主义建筑师的设计

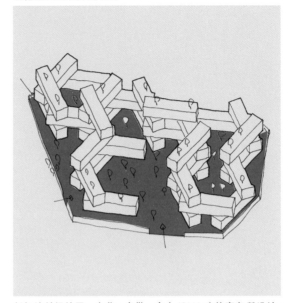

新加坡封闭社区，布劳·奥勒·舍人/OMA建筑事务所设计，2014年。 多处入口使场地通透性增加；在形式随意的楼体之间的地面和屋顶上有公共共享绿地

服务商式建筑师的设计

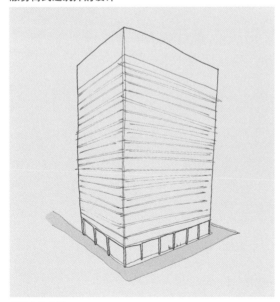

普通办公大楼
办公大楼占满整个场地，确保公共与私人、商业与社会之间的清晰区分

利他主义建筑师的设计

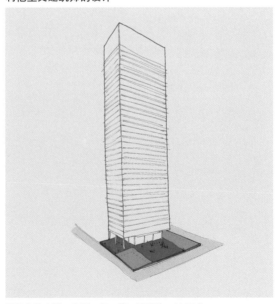

纽约办公大楼，密斯·凡·德·罗设计，1958年
大楼从街道后退，形成公共广场；办公大楼细高而优雅，同时占用较小的基地

不可改变，因此 OFIS 建筑事务所将重点放在宿舍之间的空间，将纯粹的交通空间提升为社交空间。

——封闭式社区

类型特征：防御性、封闭性、孤立性

利他处理：向公众开放花园空间

在新加坡的 Interlace 项目中，奥雷·舍雷（Ole Scheeren）设计了一个封闭式社区，谨慎而隐蔽地提供公共空间——颠覆了封闭式社区理念。舍人设计了多处入口，同时以空中花园和地面广场的形式提供开放、绿色和公共的空间，这些地方原本通常是私人花园或封闭空间。形式随意的楼体组织和多个平面层次的设计布局，使公共空间退隐到建筑中，而不是主宰建筑。

——办公大楼

类型特征：效率、合理化、最大化

利他处理：在私有建筑外提供公共空间

密斯·凡·德·罗设计的纽约西格拉姆大厦（Seagram Building）将大楼从街道边缘后退 27m（89 英尺），回应了任务书中既要创造办公空间、也要创造一个高度活跃的开放广场的要求。密斯将广场抬高至地面以上，形成一个介于办公空间与城市、私人与公共场所之间的过渡空间。通过使用高质量的材料，结合座椅、水景和雕塑，密斯确保了西格拉姆大厦的遗产地位。

在这些例子中，建筑师的利他本能促使他们寻找方法，来改善使用者和其他城市居民的生活。用奥斯卡·尼迈耶的话来解释，即：应该带着"生命中最重要的是什么……试图让这个世界成为一个更美好的生活场所"[3]的意识去创造所有建筑，不管这看起来多么具有挑战性。

即兴创作
精心策划的自发行为

improvise，即兴创作，动词

源自拉丁语 —— improvisus（不可预见，为将来的情况做准备）

1.（及物动词）无需预先准备就快速制作或创作。

2.（及物动词）用手头所有的材料来编排或创作。

3.（及物动词）在冲动下表演。

可以把即兴创作描述为"洞察潜在于当前约束条件下的未来多种可能性"。[1] 每个建筑项目都有稍纵即逝的即兴创作机会。建筑师必须认识到这些机会，并采取行动，将可能性转化为现实。这里有一个关于建筑上即兴创作的小故事。

意外的定日镜

客户（发信息）：我正在查找花园定日镜，这样光线就能照进房子。

定日镜是什么东西？！[快速上网搜索]……嗯……好的，基本上是一个户外大镜子，用来反射阳光——一点不符合我想要的美感。从她的家具来看，她会挑一个形状像一团大花朵的镜面。天啊，跟屋顶天窗一样贵！这肯定会让她反感吧？我得做点什么了……不过是我的错；我告诉她朝北的扩建部分永远照不到真正的阳光——而且还没提出解决办法。但是等等，如果将定日镜整合到设计中呢？如果它变成屋顶天窗的延伸——一个镜面的立板，通过玻璃反射南、东、西三面的光线，会怎样呢？她也谈论过屋顶露台，但我没有理会，因为它对于建筑规模而言过于笨重了。嗯，新的立板可以形成露台的栏板，使其更加连贯和统一。这样，让我们利用这个整合过的定日镜（学到了新词！）反射光线来解决朝北的问题，用它作为屋顶露台周围的部分栏板，同时也提供一点视觉趣味。好了，快回复客户，赶在她买回一面向日葵镜子之前……

建筑师（发信息）：定日镜很好，但是很贵。我正在考虑的一种方案是在屋顶做一个定日镜——等我们见面时细谈。

客户：快等不及了！

好了，现在似乎已经解决了。那么，实际上怎么做呢？

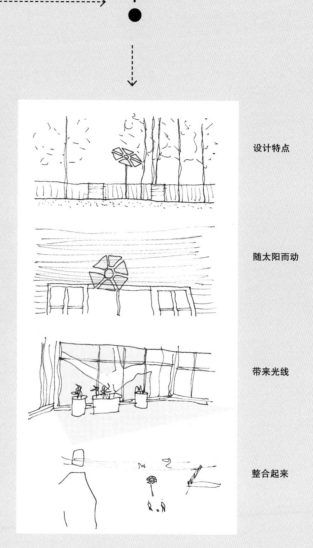

设计特点

随太阳而动

带来光线

整合起来

设置定日镜前

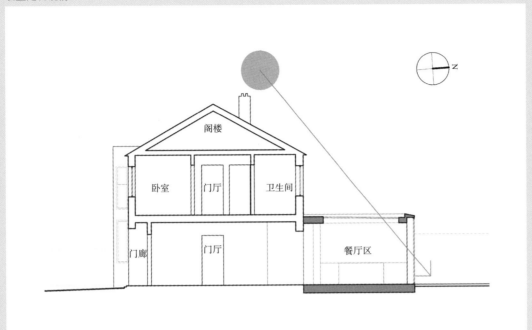

意外的定日镜

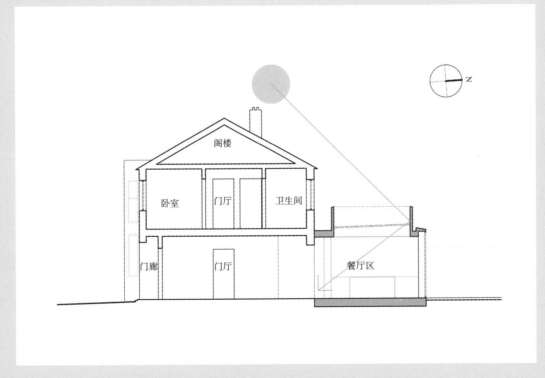

随太阳而动
立板四面均可反射光线，这意味着从黎明到黄昏，东、南、西三面的光线都可以利用并反射出去

带来光线
屋顶天窗周围 1m 高的反射立板将南向光线反射到起居区

設置定日镜前

意外的定日镜

设计特点
定日镜的设计释放了整个
屋顶区域加设立板的潜
力，创造出一个统一的带
栏板的屋顶露台

整合
通过调整屋顶形式，定日
镜为先前提出的平屋顶增
加了额外的视觉趣味——
与邻近房屋的屋顶水平高
度保持一致

露台范围

定日镜范围

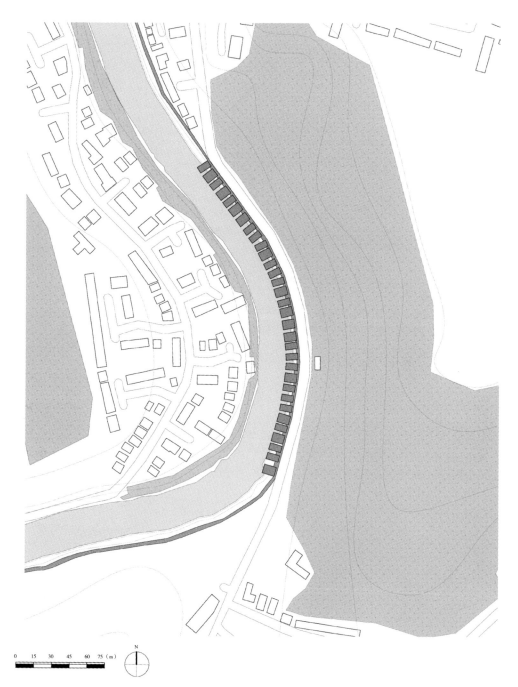

0 15 30 45 60 75（m）   N

绿地策略（二）：河畔

英国布里斯托尔河畔漂浮住宅，场地平面图，泰特设计。建筑师不能只是坐等英国住房危机得到解决。相反，我们应该重新找回创造解决方案的能力。这是一个低密度住宅例子，在埃文河（the River Avon）沿岸设计 33 栋住宅，方案提出在河道拐弯处建造河畔漂浮住宅。这种方法以一种谨慎的方式解决住房危机。基础为轻质混凝土，使住宅在河流水位上升时可以漂浮在水面上，避免了在洪泛区建造房屋时通常会遇到的麻烦

第2章 分析

第 3 章 整合

楼地面

墙体

结构

屋顶

门

立面

楼梯

服务系统

楼地面

让塔楼顺畅

floor，楼面、地面，名词

源自拉丁语 —— planus（平坦的）

1. 房间的下表面。

2. 建筑物同一楼层上的房间或区域。

3. 海、河、隧道或洞穴的底面。

我们需要阻止建筑物"打鼾"。人类打鼾是由于呼吸道阻塞，迫使空气通过鼻子和嘴巴时产生振动，发出特别的声音。对比之下，我们的许多高楼也有同样的问题——它们也在打鼾。地板到天花板的标准化高度在世界各地普遍存在，这意味着这些建筑由一层又一层等高的插入楼层组成。这存在三个问题：

- 导致高大建筑外观单调；
- 限制了建筑物的功能；
- 未能尊重环境——无论建筑物有多高，每一层都完全相同。

当然，楼层高度标准化也有好处——建造起来更便宜、更快捷、更精确。然而，它们也会在视觉和功能上造成"阻塞"。靠近塔楼底部的楼层确实需要一种与周围环境相协调的规律性。同样，也有必要尽量增加上部楼层的楼面面积，因为那里的租金收益率最高。剩下的是建筑物的中间部分——在这一部分，我们可以利用虚空、迷你中庭、花园和露台等让建筑呼吸，从而打破常规的楼层做法。建筑中部是创造多样性的地方。

这种灵活性会彻底改变与"阻塞式"建筑相关的三个问题：建筑物的外观将得到改善，变得既富于变化又不会不协调；可以容纳更多样化的功能和用途，增加价值和趣味性；还可以更巧妙地与所有高度的相邻建筑相融合。最终，建筑物由于产生新的空间和视觉趣味而增加了价值；最高楼层最有价值，有更好的视野和光线。让我们阻止建筑"打鼾"，让建筑变得更有趣、更有利可图，也更加实用。

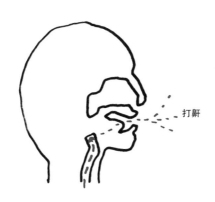

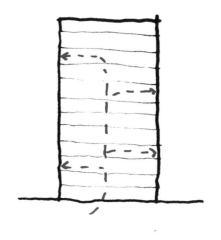

打鼾

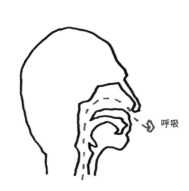

呼吸

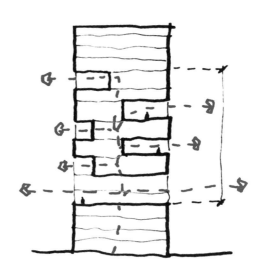

典型的重复式塔楼受到限制，无法呼吸，造成阻塞。上图中的建筑无论是在形式上还是在功能上都处于阻塞状态。然而，下图中的塔楼去掉了阻塞部分，在其严格的楼面范围内形成各种各样以前没有的开放空间。这座大楼正在释放它的潜力

阻塞

释放

释放

释放

释放

释放

对页图
通过打开塔楼的中间楼层，出现了新的空间和形式。虚空、迷你中庭、露台开始释放潜力，减法手段丰富了普通的塔楼类型

墙体
可栖居的虚空

wall，墙，名词

源自拉丁语 —— vallum（栅栏）

1. 一种长度和高度大于其厚度的垂直构筑物。用于分隔、围合或分隔。

2. 为防御目的而建造的堡垒。

3. 具有像墙一样属性的非物质边界。

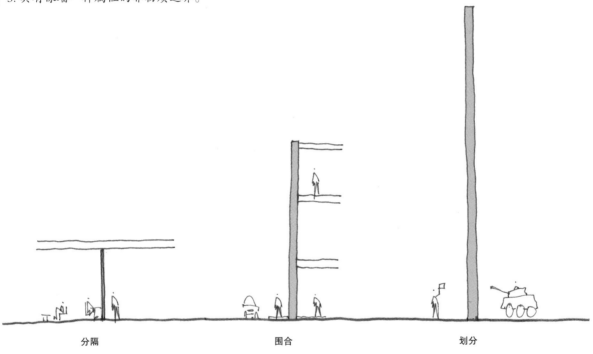

分隔　　　　　　　　　　围合　　　　　　　　　　划分

　　筑墙既是一种防御行为，也是一种进攻行为。墙限定了什么是"内部"和"外部""我的"和"你的"——墙是分开的物理和象征性体现。根据需要保护的对象、感知到的威胁以及当地的条件和资源，这些分界线以多种尺度、材料和强度出现。无论是花园周围齐腰高的围栏，还是城市的防御工事，修建围墙都是一种蓄意划定疆域的行为。

　　墙体可以有多种用途和不同的规模，使用的材料也多种多样。墙体限定了空间，提供了遮蔽和围护，同时也是划分的手段。几乎没有什么建筑构件比墙体更有用、更能打动人了。

　　墙壁也可以住人。这是整个欧洲中世纪城堡的共同特征，这些城堡在厚重的石墙

可居住的墙
最初"以墙作为空间"的建筑类型
是城堡，在苏格兰的小坎布雷（Little
Cumbrae）就有这方面的证据。厚
实的墙壁被挖空，成为一种双重装
置，既提供防御，又包含多种空间和
功能

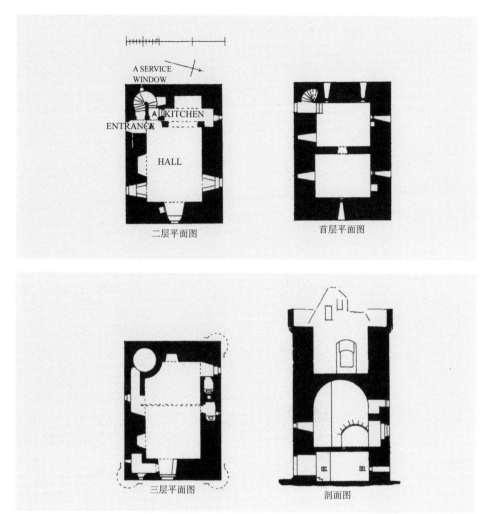

内包含着可居住的空间。在路易斯·康的作品中也可以看到可居住的墙体，特别是他设计的得克萨斯州金贝尔美术馆（Kimbell Art Museum），内部的墙壁被加厚，以容纳储藏空间和楼梯。这是路易斯·康在隐晦地向其钟爱的苏格兰城堡这种建筑类型致敬，[1] 同时也是一种创造隐蔽空间的实用方法。阿尔伯托·坎波·巴埃萨（Alberto Campo Baeza）在其设计的意大利特雷维索贝纳通幼儿园（Benetton Nursery, Treviso）建筑中也使用了这种手段，在那里，整个建筑的周边形成一个中空的游戏场，包含在两道弧形墙壁中。这为孩子们创造出秘密的庭院空间，具有所需的隐私和庇护效果。

让我们来看看三种可能的墙体类型：用于分隔（内部空间和房间）的墙、用于围护（建筑物的外表皮）的墙，以及用于划分（作为防御装置）的墙：

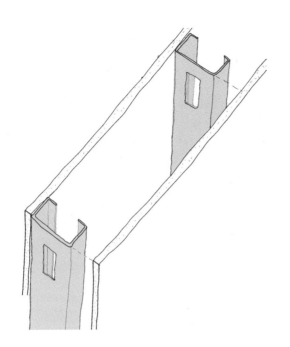

分隔墙

内墙或隔断一般是轻质、临时性的，使用寿命约为 25~30 年，届时可能已经因新的用途或布局需要而被更换或重新配置。这在商业办公楼中很常见，因为需要定期改变新的座位安排。因此，隔断介于家具和建筑之间。隔断因为太轻而无法真正地限定空间，只是将空间分隔开而已。你也可以更进一步，认为隔断实际上不是墙体，因而可以算作家具。

在许多情况下这样做不见得合适。例如，日本茶室就是以半透明的隔断为特点。但是，在不需要这种轻盈质感的情况下，墙体可以变得像家具一样。这将使隔断更好地融入其分隔空间的功能中，同时最大限度地利用墙体厚度，如容纳格架、桌子或座位等。

围护墙

围墙明确界定了内与外。然而，事情并不总是那么简单。正如哲学家加斯东·巴什拉所指出的，"在内部和在外部……随时准备相互颠覆，相互敌对"。[2] 围合代表了外部与内部之间的痛苦的张力——外部是广阔的、模糊的和虚空的，而内部则是清晰的、亲密的和坚实的。越来越多的建筑利用了这种张力关系。表皮成为保护性外壳上的牺牲性覆盖物，表皮与外壳之间出现一个空隙。正如哲学家斯拉沃热·齐泽克（Slavoj Žižeck）所指出的，这种"平行的"表皮形成了一种"内外之间的不可

分隔

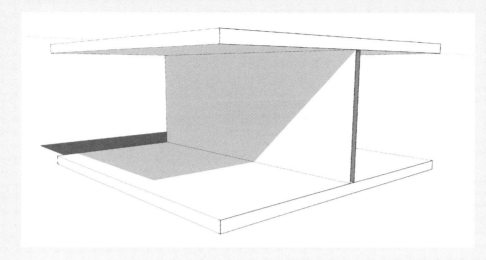

分隔
隔断仅有一个作用——分隔空间

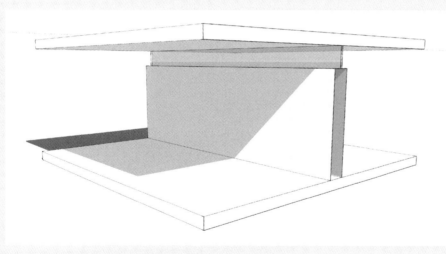

加厚
标准隔断厚度从100~150mm增加到400~450mm。顶部的带状玻璃在引入间接光线的同时，提供了两个分隔空间之间的联系

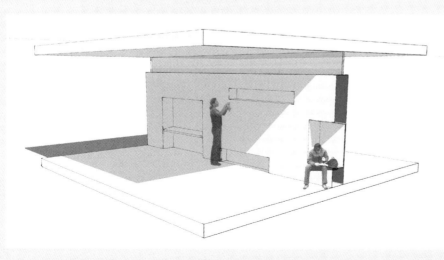

可用
随着厚度的增加和洞口的形成，隔断借助于一系列提供储藏、座位和办公桌空间的壁龛而变得可用

西雅图公共图书馆，OMA 建筑事务所设计

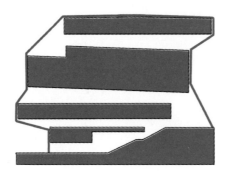

大连国际会议中心（International Conference Centre），蓝天组设计

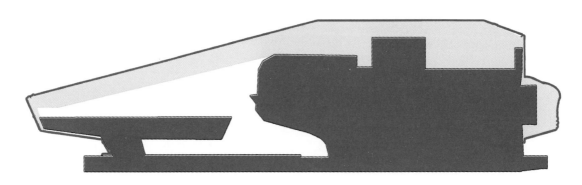

围合

围合
在表皮与外壳之间有一个无用的空腔，这个空腔是由形式与功能、外部与内部之间的不稳定关系形成的

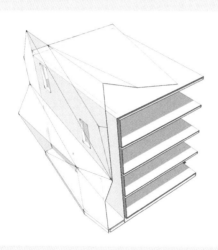

开洞
在围护墙体上开设洞口，从而在外壳与表皮之间形成视觉联系，修复了内外之间的模糊边界

利用
不舒适的间隙变得可以利用，外壳和表皮之间形成一个新的交通空间，二者不再相互分离。通过包含可用的空间，二者之间的空腔成为建筑的组成部分

公共广场
西班牙维戈（Vigo），J. 泰特设计，2016 年

第3章　整合

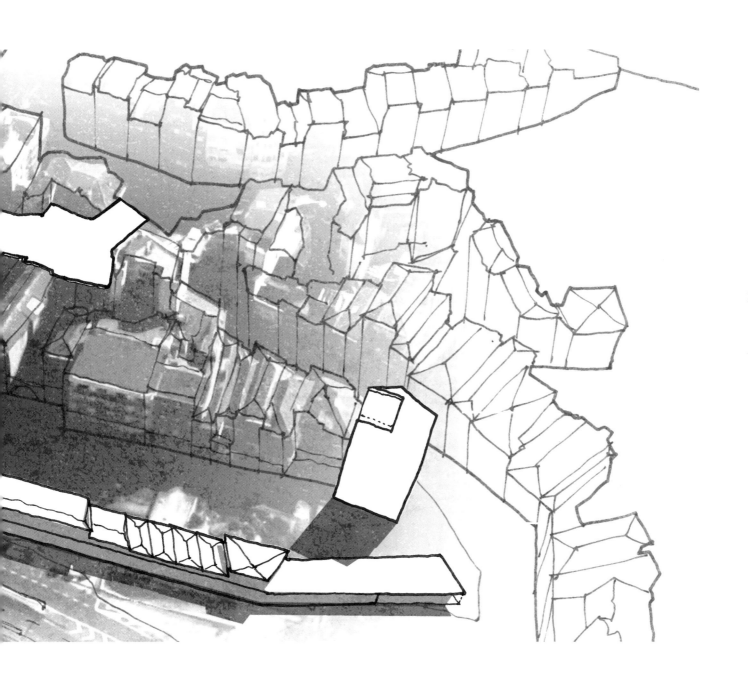

划分

城市分界线
巴勒斯坦耶路撒冷（上部）与以色列
耶路撒冷（下部）

土地分界线
塞尔维亚霍尔果斯（Horgos，左边）
与匈牙利吕斯克（Röszke，右边）

海洋分界线
墨西哥蒂华纳海滩（Playas de Tijuana，
左边）与美国边野州立公园（Border
Field State Park，右边）

通约性……我们透过窗户看到的现实总是最低限度的范围，不像我们所处的封闭空间那样完全真实"。[3] 在 OMA 建筑事务所设计的西雅图中央图书馆（Central Library）等项目中，这种距离被最大化，从而在实体和建筑表皮之间形成了有活力的间隙空间，这些空间是适合使用的。间隙空间成为建筑的组成部分，因此是成功的。然而，在其他例子中，表皮与外壳之间的间隔没有充分分离，楼层也没有延伸出去以便充分利用间隙空间。这就在表皮和外壳之间形成了一个空腔，一个内外都无用的废弃空间。空腔可以成为交通空间，既释放了平面空间，同时也确保设置在空腔中的功能不会对立面产生负面影响。

分界墙

除了提供保护和围护之外，墙体还具有超越其自身构成的能力，成为充满情感和政治色彩的装置。例如，边界墙就是如此，边界墙是为了在对立的国家、族裔、宗教或政治观点之间建立起物理屏障而建造的。从哈德良长城和中国长城用瓦砾和灰泥筑就的屏障，到柏林墙或以色列西岸边界的混凝土墙，边界墙长期以来一直被用作保护和帝国统治的工具，成为压迫和安全的象征。

令人担忧的是，全球政治中出现了一种保护主义和分裂主义趋势，导致对边界墙的需求激增。在撰写本书时，全球范围内正在修建或提议修建的边界墙有 35 座，其中仅 2014 年以后建成或正在建造的就有 19 座：[4] 有东欧为阻止中东难民进入而竖起的带刺铁丝网围栏；有为打击恐怖主义而在巴基斯坦和阿富汗之间修建的带有混凝土盖板的战壕；还有沿墨西哥和美国边界修建的 670 英里长的钢筋混凝土边界墙。以这堵墙为例，建造这堵墙有多重目的："逮捕恐怖分子""限制毒品走私""防止暴力""改善环境卫生"和"限制潜在的有害疾病"等。所有这些宣称的目标均未实现，[5] 然而美国政府还是计划于 2017 年沿两国之间 2000 英里长的边界重建边界墙。

建筑，尤其是墙体，可以成为全球政治关系紧张和不安全的物理表现。在每一种情况下边界墙的有效性都充满争议，修建边界墙更多是为了象征意义，而非目的。与其筑起高墙将难民拒之门外，或许我们应该用这笔钱帮助难民逃离饱受战争蹂躏的国家；或者通过更可靠的信息交流手段打击恐怖主义，切断恐怖主义集团的现金流或阻止其重建；[6] 或者解决双方的社会问题，即非法毒品从邻近的较贫穷国家流入相对富裕的国家。

边界墙既荒谬又分裂，既毫无用处又造价高昂。想象一下，如果这些边界墙被游击战术所控制，不仅能更好地利用巨额资金，而且——也是更重要的——还能颠覆边界墙的概念，使其成为有用且具有包容性的东西，情况会如何呢？我们可以采取一种人道而文明的方式来建造边界建筑，取代仅起分裂和破坏作用的墙。如果我们必须修建边界墙，那就让它们可以被利用吧。

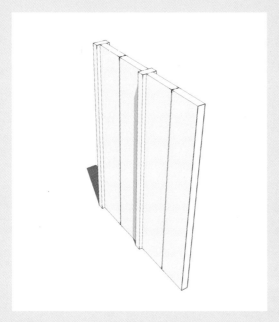

分界
一组预制混凝土板，55m 高，3m 宽，间距 6m（20 英尺）设加固柱

分界
切掉部分预制板，但留出足够余量（+50%），以便加固柱支撑整个墙体的完整性

边界墙

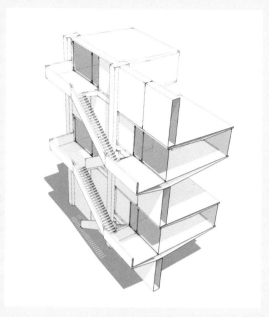

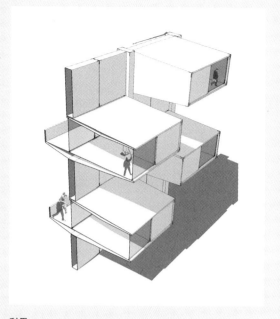

插入
插入预制住宅（提供一套约 42m² 的双人—居室公寓），南向露台正对房间

利用
突出的悬挑插入体既是象征性的，也是功能性的；通过进入邻近空域，建筑成为非法闯入者，但它只接触其家乡的土地

颠覆分界概念的墙

结构

让支撑体歌唱

structure，结构，名词

源自拉丁语 —— struere（建造）

1. 一个实体的组成部分和元素的安排或组织。

2. 建造或构造的方式。

3. 已建成的构筑物，如一栋建筑物。

4. 一件艺术作品的组织或构成。

5. 被视为一个复杂、完整的整体而不是单个部分的体系。

"谁隐藏了无论室内或室外的柱子或者承重部分，就是剥夺自己建筑中最高贵、最合法的元素和最精美的装饰特质。建筑是使支撑体歌唱的艺术"。[1]

——奥古斯特·佩雷（Auguste Perret）

通常，关于建筑物支撑的数学问题与创造形式和空间的任务是分开的——结构与建筑分离。工程是对建筑的反应，[2] 反之亦然；二者之间没有共生关系。这种反应式方法创造的结构，是作为对建筑所产生的荷载路径和应力而形成的——而不是响应于所寻求的整体概念或视觉效果，如建筑物的功能，或建筑物如何与光线相互作用。这样产生的解决方案只是基于前期计算、行业规范和标准组件：结构不是因为建筑而产生的，与建筑无关。

使用这种方法的结构和建筑往好了说是相互矛盾，往坏了说是互不兼容。结构与建筑各自沿着不同的路径发展，直到二者之间的差距最终得以弥合。建筑师可以通过装饰或者隐匿的手段来实现这一点。

装饰结构

为了弥合建筑师想要的结构和实际结构之间的差距，可以为所需的视觉效果添加结构装饰。具有讽刺意味的是，这种做法的目的是使结构看起来更真实，然而事实却相反。装饰可以看作是建筑师为结构与建筑分离所产生的美学缺陷而做出的道歉。

例如，钢柱可以用预制混凝土、木质饰面板、5mm 厚塑料、3mm 厚拉丝铝等包裹上——或者用建筑师认为比裸露的结构更适合建筑物的其他材料。这就把结构和建筑一起隐藏起来，给人一种天衣无缝的印象，但是二者都没有保留各自的独特性或完

装饰

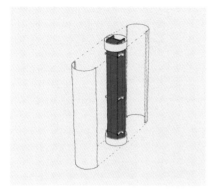

柱子外包
3mm 厚铝合金挂板，用夹子和螺栓固定

■ 结构

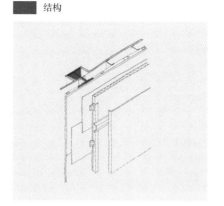

结构遮挡墙
沿结构轮廓设置 13mm 厚石膏板

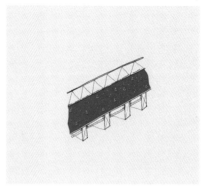

面目全非
50mm×35mm 上漆木条，形成新的假结构

隐藏

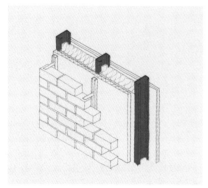

夹心墙
七层构造（砖、固定件、隔热层、防水层、胶合板、二次隔热层、石膏板）共同隐藏了结构

■ 结构

斜屋顶？怎么斜的？
吊架上的石膏板吊顶隐藏了屋面结构的形式和材料

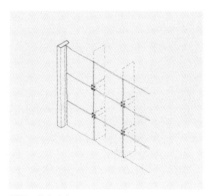

尽量不惹人注意……
不锈钢固定件将玻璃固定在一起

整性。墙体，曾经是一个接一个的结构体，现在则是厚度各异的表皮层，各自独立起作用。结构变成了现成的标准构件——过梁、横梁和立柱——的集合，这些构件被精心地设置在分配的壁厚内，只给人一种结构的印象。

屋面梁不再表现出来；相反，它们被包裹在聚苯乙烯或矿棉绝缘材料中，然后以涂漆木条的形式虚假地表现出来。或许更糟糕，平坦的混凝土屋面板可能也采用同样的木材处理方法——尽管原先根本没有木质屋面梁。

结构的体块感
墨西哥奇琴伊察（Chichen Itza）

结构的复杂性
日本药师寺（Yakushi-ji）

结构的象征性
希腊宙斯神庙（Temple of Zeus）

结构的真实性
德国乌尔姆大教堂（Ulm Cathedral）

结构的雄心勃勃
梵蒂冈城圣彼得大教堂（St Peter's Basilica）

结构的优美感
法国国家图书馆（Bibliotheque Nationale）

结构的雕塑感
巴西总统宫（Paláclo do Planalto）

隐匿结构

　　相比之下，隐匿是结构装饰的终极手段：与其说是为结构表示歉意，不如说是对结构的彻底否定。将结构隐藏起来，或者发展成避免表达结构的方法，实际上都是将建筑简化为创造视觉效果的活动，而不是将结构、形式、光与空间综合起来。

　　隐匿是将柱子嵌入外墙或内墙，使其消失。然后，由结构的位置驱动建筑构成。建筑师必须确保界定立面的外墙洞口和组织内部空间的隔墙能够把结构隐藏起来。具有讽刺意味的是，被隐藏的东西反倒成为组织建筑的原则。

　　如果用于高品质木材或混凝土的预算很少，屋面结构会被平吊的石膏顶棚隐藏起来。这样就降低了顶棚的高度，使顶棚简化为单调的平面，而不是结构、形式和材料的综合表达。

结构的雕塑感
德国沃尔夫斯堡费诺科学中心（Phaeno Science Centre,
Wolfsburg），扎哈·哈迪德设计，2005 年

结构的体块感
美国蒙大拿州倒置门洞（Inverted Portal），恩桑布尔工作室
（Ensamble Studio）设计，2016 年

结构的优美感
美国密尔沃基艺术博物馆（Milwaukee Art Museum），圣地亚哥·卡拉特拉瓦设计，
2001 年

隐匿手段催生出新的技术——曾经由薄而真实的竖框组成的幕墙，现在变成了由硅胶或胶粘剂固定在一起的对接的"结构"玻璃，以及用于支撑的透明玻璃翅片和不锈钢夹具、金属丝和螺栓，从而破坏了结构与表皮之间的关系。

正如雷姆·库哈斯所观察到的，这种对结构综合表达的双重挑战——装饰和隐匿——意味着建筑艺术有了新的词汇：夹紧、折叠、包覆、粘贴、粘接、密封、胶合、融合。这是一个与瞬态耦合相关的词汇表，是构成建筑和结构各自独立实体的组件之间的孤立对话。[3]

建筑史时间线上的许多例子表明，在过去，结构是建筑不可或缺的一部分：

● 玛雅人、印加人和古埃及人创造空间的方式，是将结构体块置于结构体块上，或从坚固的结构石块中雕凿出空间作为空腔。

结构与光
柱子与屋顶孔洞相结合，使横向支撑的支柱将光线引入空间，同时也完成支撑屋面的功能

- 古老的中国和日本文明在其结构中采用木材接合技术，创造了优雅而简约的形式与空间。
- 古希腊和罗马建筑的基础是柱和横梁（梁柱），同时具有结构、形式和象征意义（现在，柱子只是结构。）
- 拱顶、飞扶壁和拱券是典型的哥特式建筑特征：它们最初都是作为结构解决方案发展起来的，后来成为建筑风格的代名词。
- 如果没有菲利波·布鲁内莱斯基和多纳托·布拉曼特（Donato Bramante）等建筑师的工程意识和能力，文艺复兴时期高耸的穹顶是不可能实现的。
- 20 世纪中后期，优雅的铁结构力求通过裸露的结构表达带来纯净、精致和经济性。
- 奥斯卡·尼迈耶、埃罗·沙里宁（Eero Saarinen）和马塞尔·布鲁尔等现代主义建筑师更具表现力，像雕刻家捏制黏土一样浇筑和塑造结构混凝土。

　　　　　　　　　　第3章　整合

结构与光
通过去掉砖这样的实体、标准化元素，使光线进入建筑。光只存在于结构或体块不存在的地方

打破历史先例的原因可能有两个：法规和资金。法规规定建筑物的结构构件必须具有防火性能，以防止建筑物倒塌。然而，技术进步意味着现在可以在钢铁或木材上使用膨胀型（阻燃）涂料，以提供必要的耐火性。另外，混凝土本身具有耐火性。法规还规定了建筑物的高热值，这意味着它们必须进行隔热处理。暴露在外的结构可能会产生"冷桥"，即建筑围护结构中的非绝热部分会在建筑物内形成冷点，并可能使冷空气进入内部。同样，这也很容易通过"隔热层"来解决，隔热层是一种在结构内部或结构体的两个部分之间从外到内穿过的隔热构造。

相比之下，标准组件的建造成本效益往往受到青睐——但可以肯定的是，当我们用混凝土、木头、铝或塑料覆盖结构时，最初的成本优势已经被抵消了吧？最好的做法是只设计和制作结构和建筑的成品构件，而不需要额外的材料或建筑工种来掩盖。即将到来的3D打印热潮和建筑构件的大规模定制可能有助于节约并加速这一过程。

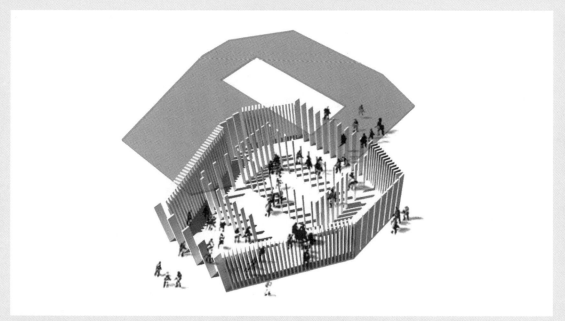

结构与空间

实体结构柱的排列、尺寸和角度本身就限定了空间。当间隔开时，柱子界定了开口；当组合在一起时，它们提供了隐私。当倾斜或水平转动时，它们可以遮挡阳光

结构与形式

建筑物的形式与结构合而为一。通过安排结构柱既作为功能构件又用作赋形手段，建筑保留了真实而纯净的感觉

结构与空间
精心布置的结构使空间出现多个层次——一个顶部有光的庭院，一个私人前厅，一条有柱廊的走道；所有空间均由结构限定出来

结构与形式
通过暴露屋顶结构，并使光线穿过结构构件，屋顶成为一个由重复和阴影组成的赋形装置

175

不过，还有一些更基本的东西在起作用，也许一个细节的处理就能体现出来，显示出优秀建筑师对建筑意图与结构现实之间的审美差异所作的修正处理。密斯·凡·德·罗在设计曼哈顿西格拉姆大厦时，钢结构需要防火，因而需要包裹在混凝土中。这让密斯左右为难，特别是建筑转角处钢材的处理。如果将其用混凝土包覆，他如何表达结构的纯净性？密斯的解决方案是用金属覆层装饰现已隐匿的柱子，从而给人一种结构的印象。如果这位以逻辑和理性著称的纯净主义者都可以做到这一点，那么他的几代追随者也可以做到，而且现在这已是一种行业公认的（在我看来则是错误的）结构处理方法。

当然，也有工程师和建筑师仍在寻求将结构现实与建筑意图协调起来。工程师亚当斯·卡拉·泰勒（Adams Kara Taylor）与扎哈·哈迪德建筑事务所（Zaha Hadid Architects）合作创造出来的结构，将墙体、屋面、楼板、空间、光线、结构和形式等都巧妙融合成一个流畅的整体，一个著名的例子是德国沃尔夫斯堡的费诺科学中心（Phaeno Science Center）。再想想圣地亚哥·卡拉特拉瓦作品中高耸的肋骨和桅杆，它们将结构视为一种建筑装置，既限定了形式，又引入了光线；还有恩桑布尔工作室的原始结构元素主义，他们在作品中通过放大或使用实体块来赞美结构的力量感和纯净性。

然而，这些建筑在预算和野心方面都非同寻常。重要的是，它们也是由非同寻常的、具有结构素养的建筑师和具有建筑素养的工程师设计出来的。考虑到这一点，我们如何制定策略，在我们自己设计的建筑中将结构和建筑整合起来呢？在所有建筑中，结构如何与光、空间和形式相结合，而不仅仅是罕见的例外？以下是一些建议：

结构与光

● 柱子——让柱顶周围的洞口引入光线，使结构与洞口、支撑与虚空相结合。

● 墙体——不要在墙上随意开洞，而是利用建筑围护结构的模块（砖、石头、混凝土、面板等）来限定洞口。通过去除结构体块，让光线进入。

● 屋面——在暴露的结构元素之间形成采光天窗。产生的光影节奏将反映结构网格的韵律。

结构与空间

● 柱子——不要惧怕柱子。要用它们来限定和表达空间——柱子彼此靠近是为了亲密和隐私感；彼此分开是为了开敞。

● 墙体——利用结构网格形成空隙，让空间由结构限定，结构由空间限定。

● 屋面——创造高耸的室内空间。突破数理边界，并利用屋顶可以形成的壳体、抛物线和悬链线。

结构与形式

• 柱子——与其把钱花在隐藏柱子的材料和劳动力上，不如推敲柱子形式，使其更具结构经济性和效率，并满足建筑需求。

• 墙体——摒弃将墙体作为一系列分层构件的概念。使用兼具结构性和造型性的材料——砖、混凝土、钢、石材、木材等。

• 屋面——表现屋面内外的结构。让结构元素真实地展示它们的形式，并清晰地表达出我们头顶上的空间。

如果我们努力扭转装饰结构和隐匿结构的趋势，或许我们可以在结构与建筑之间实现一种共生关系。结构不应该是一个反应式的解决方案，而应该是一个不可或缺的建筑手段。

屋顶

寻找隐藏的空间

roof，屋顶，名词

源自古斯堪的纳维亚语——hrof（船棚）

1. 覆盖在建筑物或其他结构上的外部上层部分。

2. 支撑这一外层的框架或结构。

3. 最高点或顶点。

我已经受够了那些做出造型大胆、形状怪异但浪费空间的建筑——主要是闲聊空间（klatsch space，用于非正式的社交聚会）。让我们围绕着聚会场所、聚集点和隐藏的庭院来决定我们的建筑形式吧。让我们激活被遗忘的边角空间——使它们充满生命的色彩。

完美的闲聊空间应该是：

• 从被遗忘或隐藏的空间中创造出可用的空间；

• 由建筑的设计形式产生，而不是由其生成设计形式，否则它将是一个正式的空间，而不是非正式的空间；

• 半封闭，以提供一种私密和封闭的感觉；

• 可向外眺望城市、风景或建筑物的其余部分；

• 可由交通空间直接进入，以便最大限度地利用。

出于这种考虑，如果可以对一个潜在的露台进行铺装、种植花草和加以利用时，为什么还要给它加上屋顶呢？为什么不在楼梯和连廊之间创造一个更大的可用空间，来代替尴尬的通道呢？为什么不把一面空白的墙变成可伸缩的甲板呢？在我们的建筑中，到处都有现成的空间；我们只需要激活它们。

在寻找理想的闲聊空间时，屋顶空间似乎提供了最好的机会。屋顶空间常常被忽视，仅被用于维护或设备的通道；从外面看，它们通常隐藏在视线之外；它们通常会提供建筑物的最佳视野和阳光。关于这种空间有一些很好的例子，既有最近的，也有稍早时期的。勒·柯布西耶设计的马赛公寓是现代主义的经典之作，为这种做法树立了典范，其中的跑道、游泳池和托儿所都设置在通常为通风设备预留的空间内；赫尔佐格与德梅隆事务所设计的德扬博物馆（de Young Museum），提供了一个雕塑般的屋顶庭院，既是私密的花园空间，也是画廊之间交通路线上的一个转折点；OMA 建筑事务所设计的波尔图音乐厅隐藏着一个超现实主义的屋顶露台，既向下方的城市开放，又隐藏在视线之外。

然而，其他屋顶空间并没有利用好这个机会。有的屋顶创造了戏剧性的连绵起伏的形式，但人们却无法近距离欣赏其美丽之处；有的屋顶没有利用滨水地段潜在的屋顶景观；还有的屋顶形成了多种多样的空间，只要加一道门、做一些地面装饰就可以使用。在融合了闲聊空间的例子中，屋顶景观所形成的形式和空间不仅是整体建筑的美的元素，而且增加了另一个功能维度，使人们能够欣赏独特的空间。闲聊空间的美妙之处在于，它并没有刻意强加于建筑的整体设计、概念或实施。相反，通过做出一些精明的设计决策，我们就可以使用，并为被遗忘的空间赋予意义。要把不起眼的空间变成有意义的空间：让我们来改造我们的建筑吧。

我喜欢的闲聊空间

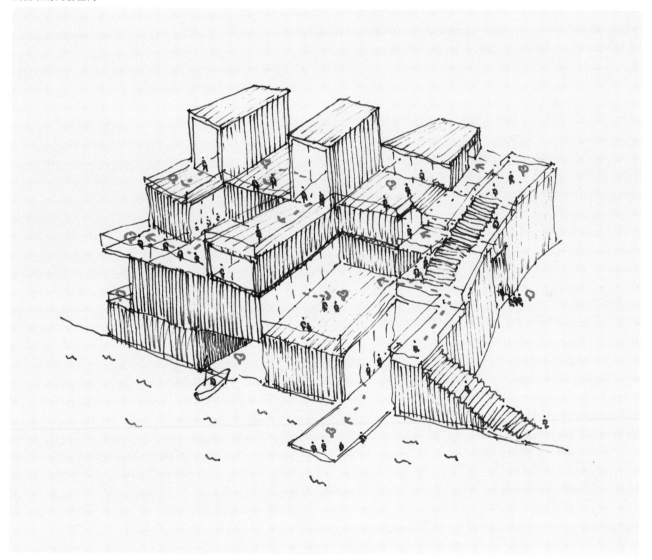

马赛公寓屋顶

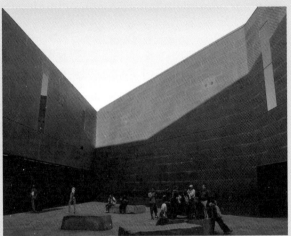

德扬博物馆屋顶

波尔图音乐厅屋顶

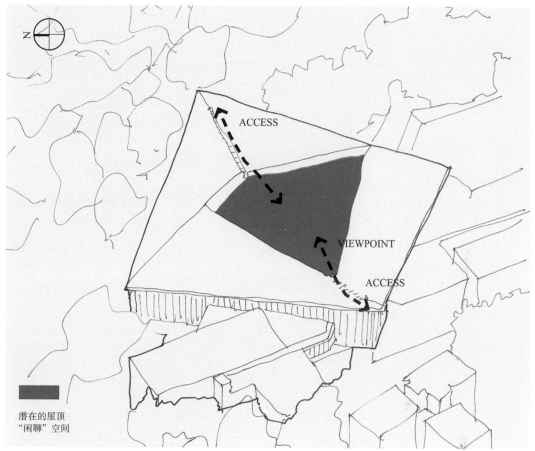

ACCESS

VIEWPOINT

ACCESS

潜在的屋顶
"闲聊"空间

联邦协会（Commonwealth Institute）屋顶

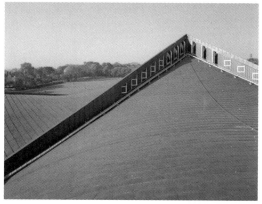

联邦协会屋顶　现状

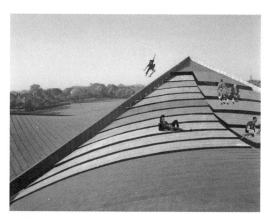

联邦协会屋顶　闲聊空间改造！

181

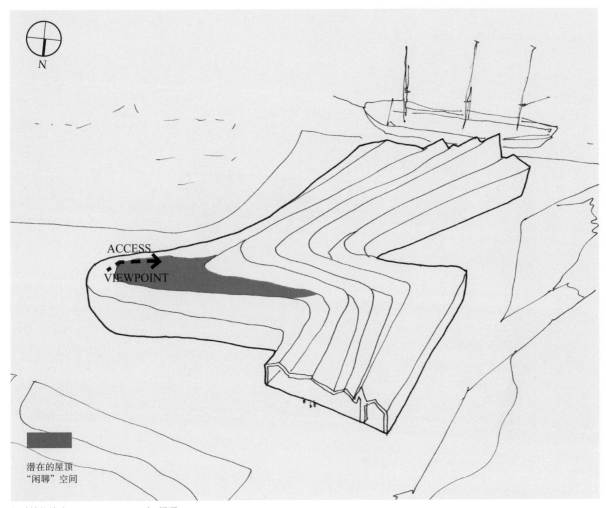

ACCESS

VIEWPOINT

潜在的屋顶
"闲聊"空间

河畔博物馆（Riverside Museum） 屋顶

河畔博物馆屋顶　现状

河畔博物馆　闲聊空间改造！

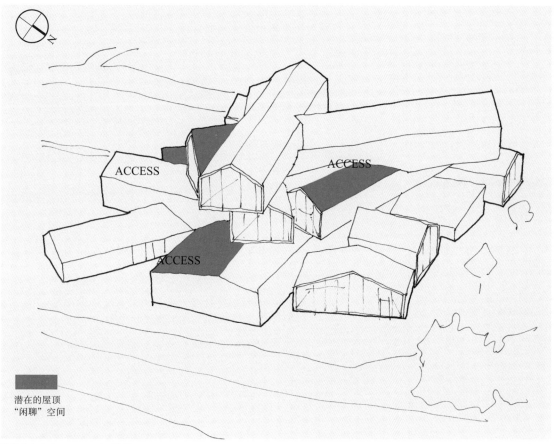

潜在的屋顶
"闲聊"空间

维特拉之家（Vitrahaus） 屋顶

维特拉之家屋顶　现状

维特拉之家屋顶　闲聊空间改造！

公园
美国迈阿密，J. 泰特设计，2013 年

　　　　　　　　　　　第3章　整合

185

门

温暖的拥抱：入口的重要性

door，门，名词

源自古希腊语 —— thura（门）

1.建筑物、房间、车辆或空间入口处的有铰链、可滑动或旋转的嵌板。

建筑物的入口就是建筑物的开门礼炮。Salvo 源于拉丁语 *salve*，意思是"祝健康！"——这是罗马式的问候语。后来，通常以鸣礼炮来欢迎重要的来访者，"salvo"一词现在适用于所有密集的枪炮声，[1] 但它也用来表示意图；预示着事情即将发生。

第一印象至关重要：建筑物的入口是对使用者表示欢迎，还是会使他们退避？它会是建筑的一个组成部分，还是会让人们感到迷茫而绝望地想要离开？它是暗示着其中的愉悦，还是像一个脾气暴躁的保镖？这都取决于作为建筑师的我们。一座建筑物拥有成功开门礼炮的关键要素如下：

门口

入口最古老、最重要的特征之一是拱券。拱券形式意味着实墙上有一个开口，限定出一个入口点，而弧形顶部则源于其结构功能。拱券是形式与功能——能指与支撑体——的完美结合。然而，现在很少使用门拱了，隐藏在砖块中的钢过梁使拱券的抗压优势变得过时了。能指不具有支撑性，而支撑体也不具备表达性。

也许一个解决办法是重新让能指成为支撑体。将钢质门楣置于墙外，将其延伸至地面，然后用它形成一个拱门。这种钢拱可以是标准构件，可根据需要进行调整。钢成了拱券，界定出门口——而且也支撑着上方墙体，这是对古老拱券的现代诠释。

遮蔽作用　英国牛津坎皮恩学院（Campion Hall）入口，埃德温·卢廷斯（Edwin Lutyens）设计，1936年。门口处做了扩展处理，以提供深度、戏剧性，并可遮风避雨

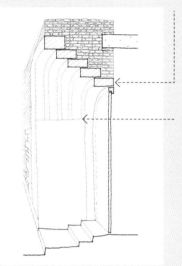

支撑体 + 能指
拱顶石支撑着上面墙体，同时表示出象征性的门口

竖向
入口在垂直和水平方向都被界定出来。拱形入口延伸至地面，提供了形式与功能的统一组合

没有遮蔽作用　德国克雷菲尔德兰格之家（Haus Lange）入口，密斯·凡·德·罗设计，1928年。建筑上的进步意味着墙体变得更薄；门通常设置于砌体外侧；过梁嵌入砖墙，没有扩展至整个墙厚

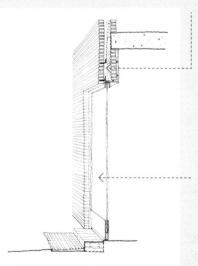

支撑体 / 无能指
隐藏的过梁支撑着上面墙体，但它隐藏在墙体内——没有象征性，也不具备表达功能

竖向
竖向能指的缺失使门口呈现二维状态，而不是像卢廷斯拱门那样的三维门口

建议的入口
J. 泰特设计

遮蔽作用
新拱门形成门口，提供了深度、戏剧性，可以遮风避雨。底部格栅提供平缓的排水斜坡

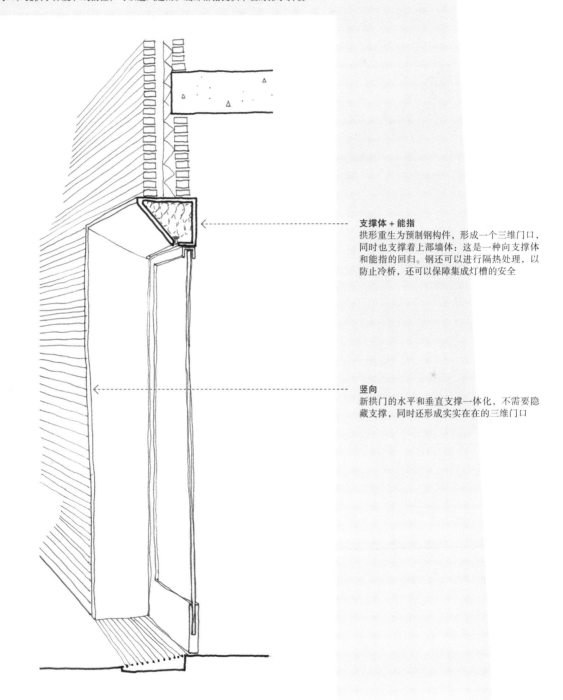

支撑体 + 能指
拱形重生为预制钢构件，形成一个三维门口，同时也支撑着上部墙体：这是一种向支撑体和能指的回归。钢还可以进行隔热处理，以防止冷桥，还可以保障集成灯槽的安全

竖向
新拱门的水平和垂直支撑一体化，不需要隐藏支撑，同时还形成实实在在的三维门口

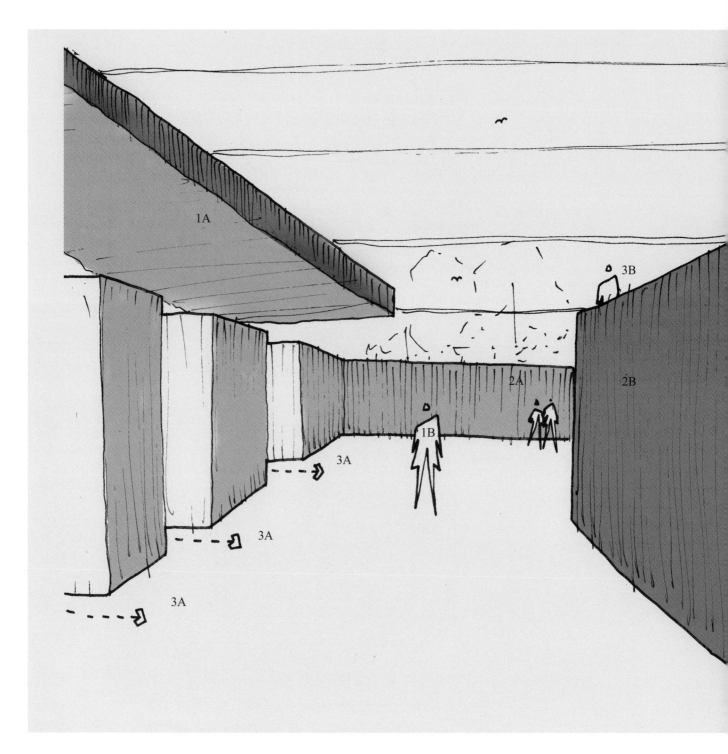

第3章　整合

入口空间

1. 表示欢迎（让观看建筑物的人感到舒适，愿意参与其中）。

a. 为使用者遮风挡雨。提供遮阳篷，既防雨遮阳，又能象征性地限定出门口。
b. 采用大方而适宜的比例。入口太窄，会显得局促、幽闭恐怖；太宽，会
显得过于气势雄伟，失去亲切感。
c. 利用物质性来强调这种遮蔽和欢迎的概念。有触感的纹理表面比光滑的
明亮表面更能带来舒适感。你更愿意拥抱一个穿羊绒衫的人，还是穿潜水
服的人呢？

2. 通行（切勿依赖指示牌作为导航手段；形式和布局应该是建筑物的主要
导航手段）。

a. 利用坚固、逐渐变窄的墙体来表示你希望建筑使用者行走的路线。
b. 利用墙体边缘的末端和透视来界定入口及其与相连空间的分界。

3. 吸引（确保你使用入口来帮助"打开"或暴露建筑物其余部分的内部运
作情况）。

a. 利用孔洞和开口为空间提供特定的视野，或从室外引入光线，让视野向
外延伸。
b. 通过使用空腔、天窗和夹层，增加与建筑物内其他空间的相互连接。

4. 整合（确保所有这些方面都整合在整体建筑形式中）。

a. 不要形成一个平淡、无特征的入口空间，既没有门口也没有入口序列；
反之，入口也不应主导整体建筑形式。
b. 把入口空间看作是建筑物的一个独特而协调的特征，而不是建筑物的独
特特征。

立面

拱券：等级、适应性、节奏

facade，立面，名词

源自意大利语——faccia（脸）

1. 建筑物的正面或前面，尤指装饰性的。

2. 假象或虚幻的外观。

数千年来，拱券在建筑中一直居于主导地位，集结构、象征意义和遮蔽作用于一身。从美索不达米亚的鹅卵石和砂做成的拱券，到罗马人在几何学和纯净性方面的改进，再到哥特式抛物线的反重力实验，拱券以一种不同于任何其他建筑手段的方式定义了我们的文明。拱券是形式与功能、支撑体与能指的普遍象征。

随着 20 世纪初现代主义的兴起，拱券作为建筑手段的使用戛然而止。建造技术的进步和与过去决裂的渴望使拱券遭到摒弃，取而代之的是幕墙面板、钢梁和混凝土楼板。作为一种结构和象征性的手段，拱券被认为是过时的——与柱顶、门廊和穹顶一起，被扔进了建筑垃圾堆，取代它们的是标准化构件。

然而，拱券的力量和价值仍在延续。它仍然能够以结构的简洁性和形式的纯粹性为立面带来等级性和层次感。

柱廊与凉廊

1442 年，威尼斯总督府（The Doge's Palace）著名的广场立面完工[1]，这是一个特殊的例子，说明了拱券形成的立面如何表达出内部功能和建筑在公共空间中的作用。

一层的宽拱柱廊形成一个通透的立面，公众可以穿越其中在阴凉下漫步。这一层的虚实比为 4∶1，体现了柱廊的公共性和开放性。

在二层，更加华丽的窄拱券形成一个半公共的凉廊，虚实比为 3∶1。拱券提供了向外的视野，让光线进入，而且也代表着更加精致和私密的功能，华丽的拱券装饰反映了这一点。这里是执政官和顾问们进行讨论和审议的休息空间。

第三层拱券强调了建筑使用者的权力和高贵地位。巨大的拱券通向巨大的私人大厅，可以将城市美景尽收眼底，并让光线进入，但拱券之间却被大面积石材隔开，从而形成这一层基本不通透的立面。这些拱券都很大，足以表达权力显赫，但又是分散开的，足以提供隐私。

总督府（公爵府），意大利威尼斯，14 世纪

法西奥大楼　意大利科莫，吉塞佩·特拉尼设计（Guiseppe Terragni），1936 年

拱券作为一种手段，可以支撑结构，创造空间，充当整体结构构件，并清晰地表达立面。然而，这种借助拱券等级性形成的建筑的系统化结构和清晰表达已经消失了。我们如果把总督府与后来的意大利科莫（Como）的法西奥大楼进行比较，就会看到鲜明的对比。1932 年，墨索里尼政府委托建筑师设计法西奥大楼。经过严格的理性设计，大楼主立面由分布于四个楼层的 20 个相同的正方形组成，两侧是裸露的混凝土墙。作为一个现代主义理性美学作品，法西奥大楼是崇高的。然而，与古老的威尼斯总督府相比，这座大楼却缺乏多重价值和深度。

法西奥大楼和总督府都充满了重复。但是，总督府的重复被强加的等级性所抵消，虚实比例充满变化，而法西奥大楼的重复则产生了雷同，几乎毫无生机。立面与其背后发生的事情完全脱节。在丢弃了重复

193

哥特式

现代主义

拱券的延展性和多功能性的同时，混凝土框架——虽然实用、理性，有时也很美观——往往趋于单调。

首层入口由四个从立面伸出来的台阶限定出来；没有柱廊提供遮蔽。这里的虚实比例为 11∶1。五个混凝土框架的洞口向上延伸至中间两层，这两层有会议室和办公室，很像总督府的中间楼层。尽管这些空间具有更大的私密性，但虚实比例仍为 11∶1。我们可以看到顶层立面背后发生的一些事情，透过混凝土框架可以微微看到那里的内部庭院。然而，这是一座受其理性结构网格支配的建筑。

这不是对法西奥大楼的批评，而是为了展示拱券如何给立面带来变化、遮蔽、空间、装饰、象征，以及最重要的结构支撑——如果你愿意的话。摒弃拱券就是摒弃了能够赋予建筑立面这些品质的手段，而去支持结构网格带来的无情与残酷。有时候，我们让技术解决方案凌驾于层次、等级、装饰和象征之上——但使用拱券可以帮助我们将它们重新带回平衡中。

现代主义

哥特式

总督府与法西奥大楼
总督府的哥特式立面（对页图，上图）被重新演绎为无情的现代主义结构网格（对页图，下图），
回避了原有的多重价值性、等级性和内部功能的外部表达。重复是绝对的、超然的。
相反，法西奥大楼的现代主义立面（上图）被重新想象为哥特式组合体（下图）。外立面的顺序和
层次表达了不同的内部功能，从而提供了等级性和多重价值性。重复是多样化的、相互联系的

设备

露台

办公空间

柱廊

拱券立面建筑

拱券因其适应性和真实性，使同等程度的重复和变化成为可能。

- 一层由 7.5m×7.5m 的宽大拱券组成，玻璃窗后退，形成柱廊。加宽的拱券间隔表示入口。

- 拱券跨两层楼高，毫不费力地掩盖了一个事实，即建筑物的中部——有办公室、教室等——要求较低的顶棚高度，从而允许较大比例界定立面，没有中断。

- 顶层包含一个反拱，反拱使屋顶开放空间成为可能，同时为立面带来深度和变化。

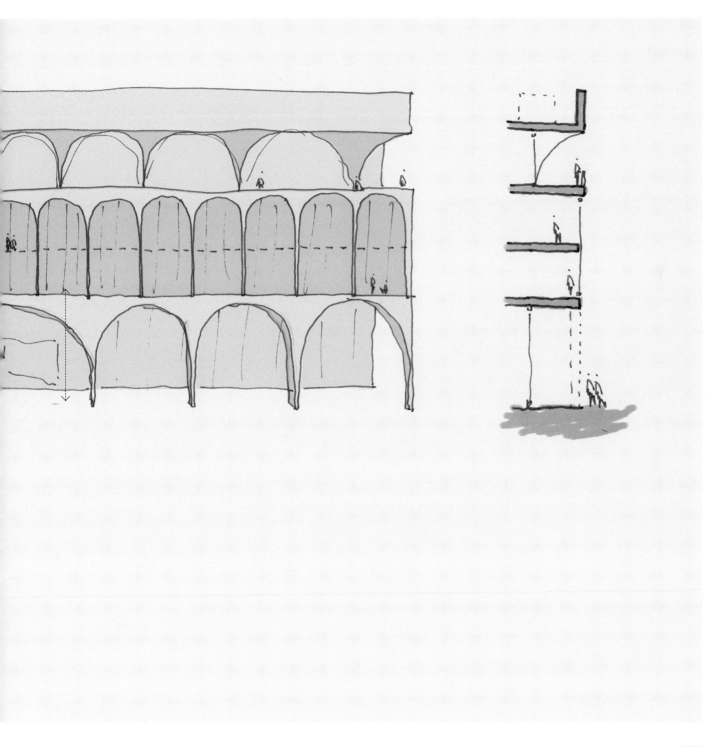

楼梯
空间连接器

stair，楼梯，名词

日耳曼语，源自 steiger（攀登）

1. 从一层上升或下降到另一层的一段或一系列台阶中的一个。

2. 合起来作为整体的台阶。

"因此，如果您在这里的走廊里什么也没有找到，那么就打开房门吧。如果在这些门后面什么也没有发现，那么还有新的楼层呢。如果你在上面这些楼层里什么也没有发现，千万别着急，只需跃上新的楼梯。只要你不停止攀登，楼梯也就不会停止，在你攀登的脚下，它们会继续向上生长。"[1]

——弗兰茨·卡夫卡（Franz Kafka），《代言人》（*Advocates*）

楼梯的本质是其作为垂直分隔空间的连接器的功能。不过，这一简单而意义深远的用途不应该被简化为楼梯只是作为从一个楼层到另一个楼层的手段——楼梯的作用远不止于此。楼梯可以是一种建筑元素，通过它与空间的互动、它对光与影的操纵、楼梯的形式与功能的结合方式以及它的建筑细节处理，来增强建筑的整体体验。

楼梯与空间

楼梯应该被用作体验交通空间的一种方式，同时也是帮助在建筑物中穿行的手段。建筑不应围绕楼梯进行设计；相反，楼梯的设计应该是为了优化空间体验。

——方法

进入一座建筑物时，应该有明显的交通流线，但楼梯应该给人留下一些想象的空间。它们可以在走廊尽头露出开始的几个台阶，也可以插入到墙壁的空隙中，甚至在你从楼梯下面进去时，可以露出楼梯的底面。

——楼梯类型

使用的楼梯类型至关重要：

● 在类似线性的建筑中，使用长长的直跑楼梯（Jacob's Ladder）效果最好。线性建筑与线性楼梯相结合时，可以提高效率（直跑楼梯可以沿墙设置，而不是分成狭窄的平面），同时强调建筑的线性形态。

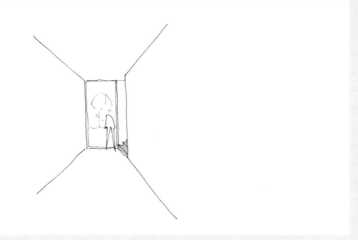

暴露
开始的几个踏步

暴露
被遮住的形式

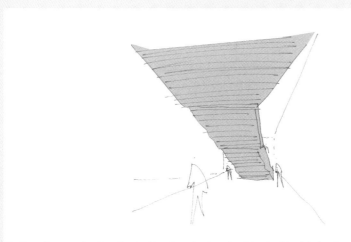

毫无装饰
露出楼梯底面

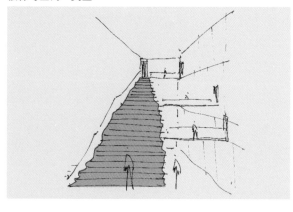

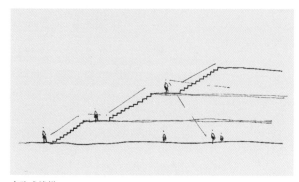

直跑式楼梯

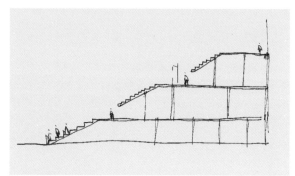

广场式楼梯

- 围绕中心集合空间布置的建筑（如教育建筑或工作场所），采用广场式楼梯（agora-type stair）益处颇多，这样的楼梯允许变化踏步高度来整合座位，同时也形成一个连接建筑各部分的社交空间。

- 折跑式楼梯（a ship's prow staircase）可用作开放式布局建筑中的导航手段，具有雕塑感；在空间有限的情况下，高效的双折形式也使楼梯成为实用逃生楼梯的理想之选。

- 梯井式楼梯（a courtyard-type staircase）可以让人们在向上攀登时经过一个中央空间，如花园或空隙——使他们可以充分体验空间，获得不同的视角观看下方空间。

（我有意略去了螺旋楼梯；常见的紧凑型螺旋楼梯不能横向穿过空间，其本身是一个物体，而不是空间连接器，而且通常上下不方便。）

楼梯与采光

可以利用楼梯来驾驭和操控光线，用于各种用途。

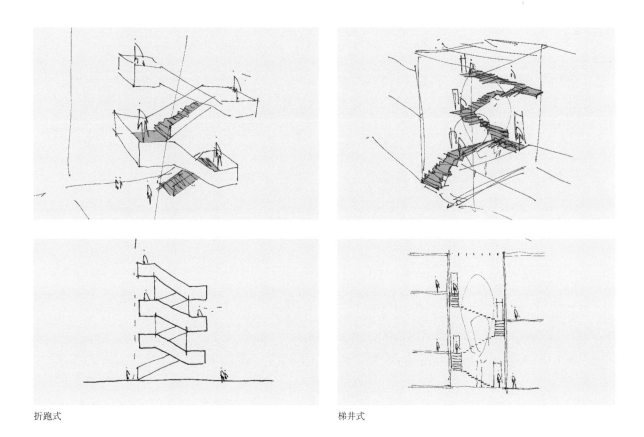

折跑式　　　　　　　　　　　　　　　　　　　梯井式

——标志

楼梯形成的空隙可以引导人们穿过建筑物：这是无需使用实用图形或字体的自然寻路过程。通过减法，楼梯增加了采光。

——顶部采光

理想的自然采光是来自上方的屋面采光，通过楼梯井将光线引入建筑物深处。这样提供的光线最均匀，同时对立面或建筑围护结构的影响也最小。

——侧窗采光

如果无法利用顶部采光，侧窗可以将光线引入楼梯休息平台处，同时提供向外的视野。不过，当洞口错开时，休息平台与主楼层之间的高差可能会给立面设计带来问题。这可以通过保持窗户处于主楼层的水平高度来解决，让使用者在下行或上行时看到外面，而不是在静止时。

楼梯与形式

你可以利用楼梯的形式来达到不同的效果。

楼梯与采光

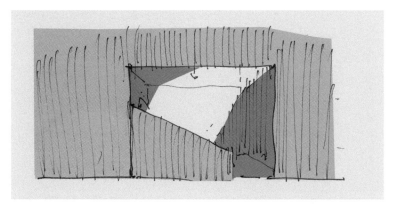

光作为标志

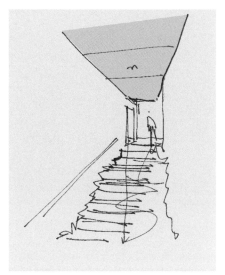

顶部采光

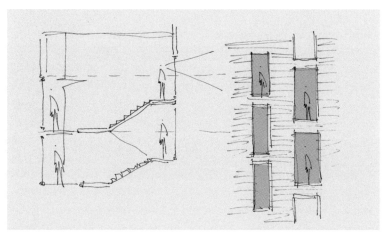

停步与视野

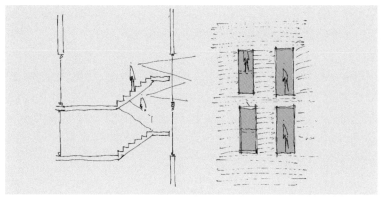

行走与视野

——使其退后

楼梯形式不应主导整个建筑构成；其主要作用是连接空间。必要时可将楼梯隐藏在墙壁之间。

——增加缓步平台

有多少次我们在上下楼梯时遇到了想与之交谈的人？增加缓步平台的面积可以为自发互动提供非正式的会面空间。

——渐变

随着楼梯的上升逐渐缩窄楼梯，这样做可以增强楼梯的垂直性和紧张感，并可以用来表示上行到了更加私密、亲切的空间。也可以扩宽楼梯，带来一种开放感和放松感。当楼梯面向外面的风景，或是面向可以俯瞰建筑另一部分的空隙时，这种方法效果最好。

楼梯与细节

楼梯的细节会影响其体验品质。

——实体栏杆

实体栏杆有四个优点：

- 更有潜力创造出雕塑般的楼梯形式，而无需繁琐的垂直元素和可见的固定件。
- 可以设计出流畅的连贯线条，不受垂直元素影响。
- 调整栏杆角度，形成连续的形式，就可以巧妙地解决需要在不同水平高度上设置楼梯构造柱和栏杆的问题。
- 可以整合照明和其他服务系统。

——踏面

楼梯的倾斜度至关重要，决定了你希望建筑使用者如何上楼梯。为了便于逃生，要使楼梯坡度在建筑法规允许的范围内尽可能地大，以便于移动。在中央公共空间或视觉焦点处，楼梯倾斜度要变缓，减慢通行速度，增加停顿的机会。最后一个踏面可以不接触缓步平台，使其看起来像是漂浮着的，从而表示地面高度的变化。

楼梯与形式

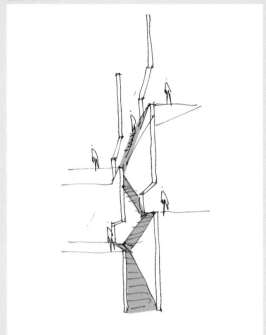

墙里的楼梯

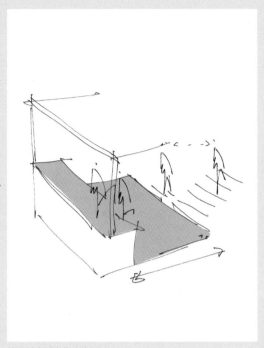

扩展缓步平台作为会面处

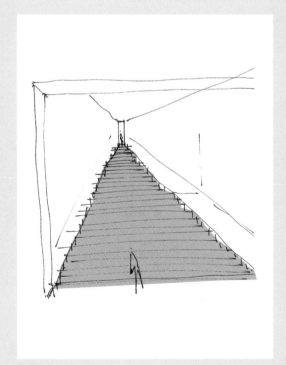

渐变，增加紧张感

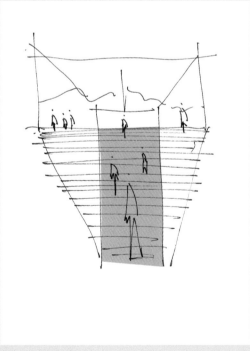

渐变，增加轻松感

楼梯与细部

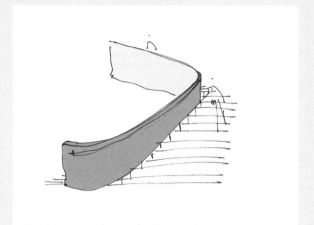

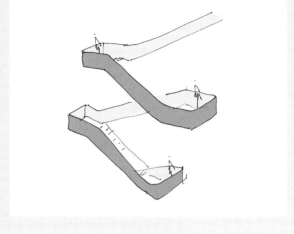

雕塑般的形式

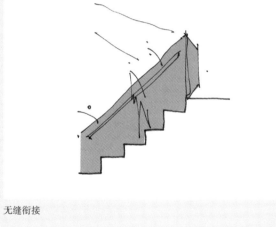

梯端支柱与栏杆撞接

无缝衔接

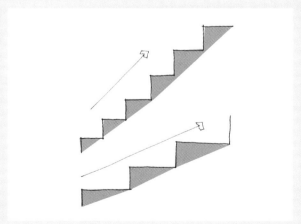

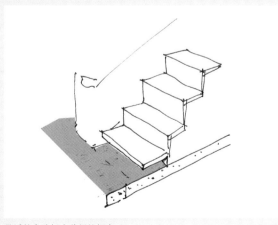

找到合适的通行速度

悬浮的台阶标志着新的标高

服务系统
服务与被服务

services，服务，名词

源自拉丁语 —— servus（奴隶）

1. 帮助、援助的行为。

2. 为获得报酬而完成的工作。

3. 按要求供应的电力、水、燃气、清洁等公用事业，或供应行为。

在 20 世纪 60 年代，路易斯·康为建筑师们写下了下面的战斗口号：

"结构的设计应考虑能容纳房间和空间的机械需要……如果我们训练自己用建造的顺序来制图，即从下而上，并且在浇筑混凝土或装配构件时，在需要设置节点处停下，用铅笔做一个记号，装饰就从我们的这种喜好表现自己的方法中出现了……那种欲表现事物如何做成的愿望将渗透到整个建筑界：建筑师、工程师、建造商和绘图员"。[1]

根据我的经验，康提出的挑战往往不被建筑师接受，而室内空间的质量也要受到建筑服务系统的影响。安装空气处理装置和通风管道可能意味着必须降低顶棚高度，以隐藏塑料套管和基本固定件；同时，散热器会占据干净整洁的墙壁（甚至是在玻璃前面）。这类问题在结构暴露的项目中更为严重——没有吊顶或加厚的墙壁来隐藏服务系统。污水管和给水管经常暴露在墙壁上——它们的塑料法兰或粗糙的金属表面破坏了空间的美观（或者更糟糕，它们的外面还充满歉意地做了封包处理）。这是一个艰难的选择：要么接受空间质量将受到损害这一事实，选择诚实的做法，让建筑服务系统显露出来；要么尝试用善意的不诚实行为来掩藏服务系统，这样做也会花费更多。

一想到要为服务系统留出空间，我就会羡慕那些老建筑。在西班牙格拉纳达的阿罕布拉宫（Alhambra palace, Granada），天气炎热的时候人们怎么办？他们躲在院子里——他们没有用塑料盒子把可循环的空气输送到头顶上。罗马人在冬天是如何加热空间的？他们使用的是火炕式供暖（hypocaust）——一种简易的地暖系统——而不是遍布各处的散热器、格栅和加热器。维多利亚时代的人们是如何处理污水管沿着坚固的石墙下来的问题？他们用铸铁制成管道，带有定制的细部处理，而不是用一根棕色塑料管不协调地穿过建筑。这些提供服务系统的方法都与容纳它们的建筑保持一致。

康试图通过设计"服务"与"被服务"空间来解决这一矛盾。服务空间（楼梯间、电梯、通风口、管道、管线等）与被服务空间（使用者使用的空间——办公室、教室、实验室等）分离，康将这种实用的解决方法提炼为建筑特色。他的方法旨在尽量减少（或在某些情况下隐藏）服务系统的路线，同时确保以适合建筑的方式来表示它们。这一点在他设计的新泽西州特伦顿浴室（Trenton Bath House）中表现得很明显，这座建筑采用了加大、中空的柱子形成网格，以便容纳服务系统；在康设计的加利福尼亚索尔克研究所（Salk Institute）的实验室中，他引入了一种夹层地板来容纳管道和管线，释放了下面的拱腹空间，并最大限度地减少了空间中的障碍物；还有费城理查兹医学研究实验楼（Richards Medical Research Laboratories），这座建筑中的通风塔或许是最成功的。康表现服务系统的愿望并非出于对服务系统的喜爱。正如他曾指出的那样："我不喜欢通风管道，我也不喜欢水管。我真的非常讨厌它们，但正因为我如此讨厌它们，所以我觉得必须给它们该有的位置。如果我只是讨厌它们而不去管它们，我想它们会侵入建筑，并彻底摧毁建筑"。[2]

由于我们的建筑受到越来越严格的环保法规的约束，它们有可能变成令人窒息的盒子，里面塞满了管道、管线和通风口，以满足多种相互冲突的要求。例如，依赖自然通风可能意味着你无法满足声学要求。法规可能要求使用暖通空调系统（HVAC），带有露在外面的设备；同时，使用散热器和壁挂式加热器比地暖要相对经济，这意味着大多数项目会继续使用散热器或壁挂式加热器。这些环境和技术方面的问题正在给我们的建筑带来超负荷的服务系统，也左右着建筑的设计。

解决这一问题的需求从未如此迫切过。如果我们忽视服务系统，那么它们就会变成被服务者，而建筑中的空间和美观就会成为服务者。解决这个问题需要一个协调过程，由建筑师牵头，包含从绘图员到建造商的所有环节。目前，服务系统与建筑设计过程各行其是，直到它们在现场尴尬地相遇。我们需要接受挑战，诚实地表现服务系统，但要采取与建筑保持一致的方式。我们应该确保建筑仍然是被服务者，而服务系统仍然是服务者。以下建议有助于我们实现这一目标：

预防——采用被动式自然通风、制冷和供暖的设计

被动式制冷和供暖的设计使建筑物适应气候，更加节能，并最终会减少用于建筑供暖、制冷和通风的管道和管线数量。例如，炎热干燥的气候意味着平面布局要紧凑，有中央庭院提供阴凉，而在热带地区，平面布局窄长、支柱架高的建筑比较有利，通风效果最好。热带气候还可以使用与建筑主体分离的屋面形式，使热空气流通起来，而在寒冷、潮湿的气候下，建筑物应采用统一的屋面形式，以减少雨雪荷载。建筑物应始终与当地气候相适应——这是解决对机械化服务系统依赖的第一步，也是最关键的一步。

被动式服务系统
干旱气候下的建筑方案

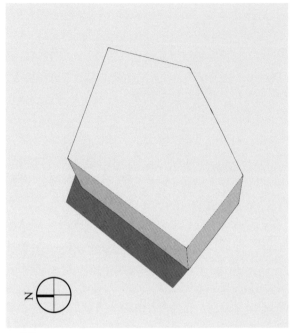

1　朝向

平面形式逐渐收细，以尽量减少朝向正东或正西的墙体，因为东西向墙体在夏季受到的太阳辐射最强

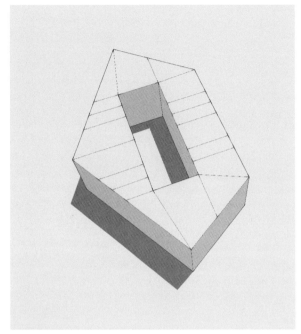

2　空气对流

建筑中心有一个中央庭院，以确保每个房间均有空气对流，也确保进入大楼的低空空气得到自然冷却。庭院也为建筑使用者提供了一个阴凉的室外空间

组织——为服务系统创造空间，并将其与结构网格对齐

　　在需要通风管道、给水排水管道或电气布线管的地方，我们可以采取整合服务系统所需路线的方式，依据康的服务与被服务方法来进行建筑布局。这会减少所需管道系统的数量，也使我们能够以协调的方式安排服务系统。如果服务系统在平面布局上"盘结交错"，尤其是在穿透墙体的地方，服务系统就会出现问题，特别是板底暴露的地方。另一个主要的问题是，服务系统的位置与结构网格的关系通常是随机的，并可能与之发生冲突。我们可以通过设计较大的"服务空间"来解决这个问题，而不是在建筑物周围散布多个单独的服务系统立管。你可以使用"服务系统主干管道"的概念，其中包含所有并行运行的服务系统，与结构网格互不冲突。如果不合并服务系统，工程师和承包商往往会以最经济的方式进行安装，这就未必会与建筑设计保持一致。

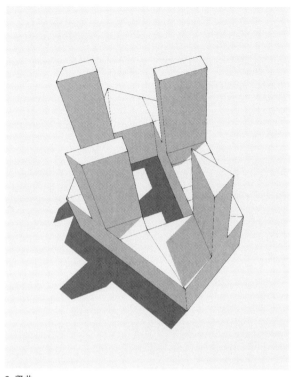

3 竖井

风塔和太阳能烟囱被整合到建筑形式中，将清洁空气从高处吸入建筑，将其向下输送，从而在建筑中形成微风。形式被放大到建筑专用空间的 2 倍

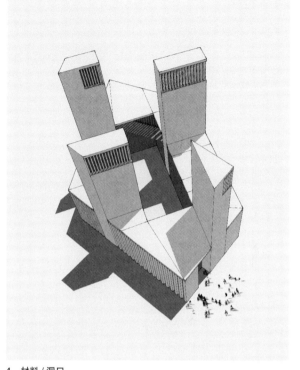

4 材料 / 洞口

建筑物朝向内部，以保护其免受强风和强光影响。外部有一系列狭窄的洞口（北立面和南立面），东西向为实墙，开口最少。全玻璃的庭院提供所需的光照水平和透明性。向南和向西的烟囱开口面向主导风向。整个建筑全部使用具有高蓄热性的厚墙

改造——提出提供服务系统的新方法

　　建筑服务系统通常没有什么吸引力；它们被设计成隐藏的，纯粹是节省的结果。不过，按照康的说法，或许我们应该重新训练自己来设计它们。我们可以接受散热器、管道和安装在天花板上的装置将遍布建筑，但我们也可以提出一些新方法，使它们更容易让人接受。目前，我们处理服务系统的方式，要么是充满歉意地将其遮盖起来（用石膏板"盒子"），要么就把这些原本设计为隐藏的元素暴露出来。如果有第三种方式，让服务系统既可以表现出来（因而易于维护），又可以被改造得更适合我们的建筑，那会怎么样呢？

　　通过应用此处列出的原则，我们可以尝试阻止建筑及其服务系统之间潜在的不平衡；阻止被服务与服务空间之间潜在的不平衡。要响应设计面临的具体气候要求；平面布局要采取确保服务设施与我们的设计相一致的方式；要重新塑造容纳这些服务系统的成套设备。通过采取以上做法，我们就可以确保建筑——空间质量、清晰的规划与形式——仍然是我们建筑物的主要目标。

服务系统组织

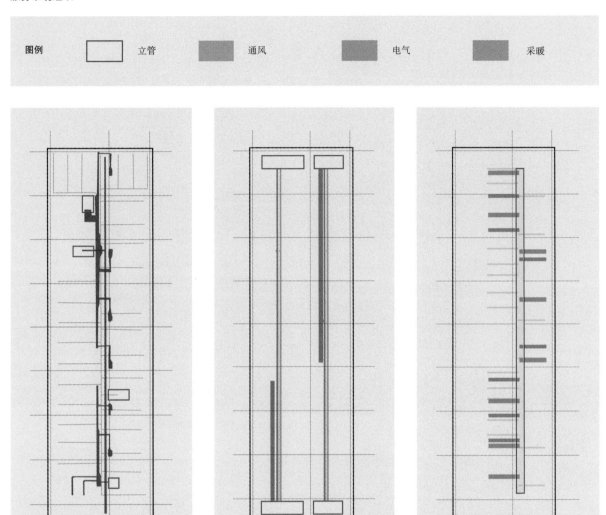

常见的——独立立管
独立立管有随机性，这意味着不同的服务系统相互交叉，并与结构网格形成交叉。这将导致楼板下出现多处碰撞和视觉冲突

建议的——合并立管
将立管组合起来，设置于建筑两端，与水平结构网格平行。这意味着服务系统组合敷设，形成两条连续的服务系统"主干"

建议的——合并立管
沿垂直结构网格将立管组合为一个。这意味着可以对服务系统进行组织，使其永远不会与结构发生冲突，彼此之间也不发生冲突

服务系统改造

展示服务系统是如何完成的

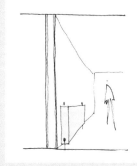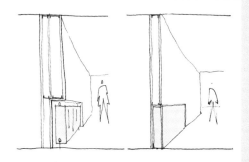

难题
散热器突出，破坏视线，占用了额外的空间

现状方案
散热器被封包起来，需要额外的墙厚和材料

建议方案
散热器与墙壁或地面平齐并融为一体，提供支撑，并使墙厚保持最小

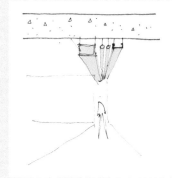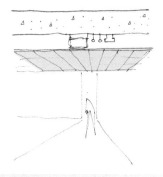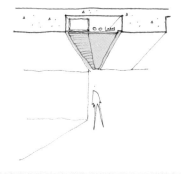

难题
服务系统暴露于挑檐板下

现状方案
降低顶棚高度，进行遮挡

建议方案
在楼板上留出空隙，形成方便的服务系统凹槽，从而保持原有的顶棚高度

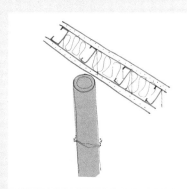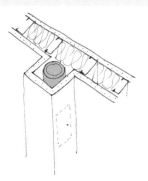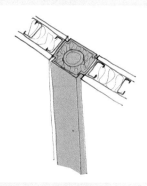

难题
管道暴露于墙外

现状方案
用薄的衬板封包管道

建议方案
用涂层金属制成管道"暗盒"，以诚实而又在视觉上连贯的方式表现管道。暗盒可根据需要方便地拆卸和更换

0 15 30 45 60 75（m）

Z

绿地策略（三）：屋顶与楼面
精雕细琢的台地公寓，英国
M62，场地平面图，J. 泰特设计。
项目位于英格兰西北部的丘陵
地带，处于众多城镇之间，上
图所示为一个有 1400 户住宅的
新社区，位于闲置荒原下的灰
岩石上。每户住宅均由横跨采
光井（以黑色阴影表示）上的
通道连接起来，这也是通往一
连串周边设施的垂直交通。每
套住房之间有相互连接的巨大
露台和社交空间，使下方住宅
的屋顶成为上方露台的楼面延
伸，提供了一个新的、多种标
高的人造地形，嵌入自然地形，
并与之相结合。获取更多图纸
和信息，参见 www.jtait.com

第3章　整合

第 4 章　拓展

评审
图解
优化
节约
用色
对比
尺度
工艺

评审

不要停下，继续前进

review，复查，动词

源自法语 —— revoir（再看一次）

1. （及物动词）复习，再次检查。

2. （及物动词）回顾，反思。

3. （及物动词）正规地或正式地检查。

4. （及物动词）用头脑审视某种情况。

5. （及物动词）以批判的态度评价（文学作品、艺术作品、电影等）。

在建筑设计中，我们必须不断地针对项目参数的变化提出对策，同时继续取得进展。设计评审（或者叫作"crit"）是一种项目评估机制，可以针对项目任务书和不断变化的参数制定最佳对策。

建筑师们最早接触到设计评审是在建筑学校。设计评审是建筑学教学的一部分，允许更有经验的从业者——导师和同学——客观地评估方案进展，并延伸到对学生进行评价。设计评审可以是同行善意的品评，也可以是每周一次的非正式座谈和讨论，或者是专注于某个个体及其作品的全面评审会，涵盖了从协助到评判、从轻微紧张到高度紧张的不同范围。

对于设计理念的发展，或者对于建筑师的成长而言，定期开展设计评审过程都至关重要。通过定期和多样化的设计评审，可以促进意见交换，挖掘出项目中隐藏的机会，并在早期阶段纠正无意中的错误。最重要的是，对于学生来说，设计评审可以提高他们在响应场地限制和任务书参数要求时的分析能力，并与其社会和审美直觉相结合。

在建筑学校，设计评审旨在模拟作为建筑师在实践生活中的某个方面：老板快速地看了一眼你的电脑屏幕；同事之间的非正式品评；向客户演示，手里拿着指示棒，心提到了嗓子眼。设计评审提供了反思和评估的机会，帮助建筑师从学生成长为专业人士。在实践中，设计评审的目的是探究项目中包含的多方面——客户、任务书、场地——以便创作出连贯的设计。在实践中，个人发展并不是设计评审的主要目的。

我们在建筑学校开展的项目一般都是静态的，是在学术氛围中策划和执行的。设计任务书自始至终保持不变，不受客户需求变化或预算限制的影响；场地固定且清晰，不受规划法规限制，也没有财务纠纷；项目又并不打算实际建造，因而也不存在实现

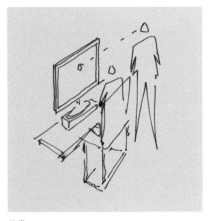

日常
瞬间的 / 偶然的

每周
非正式的 / 松散的

每月
正式的 / 有组织的

建筑所需的技术和合同问题。然而，尽管在实践中对定期设计审查的需求可以说比在学术界更为迫切，但以我的经验来看，这样的评审还是少之又少。

不过，我认为设计评审训练在专业实践中是必不可少的。如果不停下设计开展设计评审，机会就会被错过，问题就无法避免，设计理念也不会得到充分发展。我们应该尽量在实践中安排时间进行定期设计评审，不考虑办公室的等级制度以及时间与预算的限制——我们为此目的创作的模型和草图永远不会白费，正如下面实例所示：

例 1——保留公共空间

在一座城市的中心地带将设置一个新住宅区，场地上原有一座不受欢迎的建筑，将予以拆除。为了使项目与周围社区融为一体，方案中含有一个由当地政府出资的新文化休闲中心。私营出资的开发部分将为当地提供便利设施，而私营开发商无须承担额外的费用，与此同时，当地政府将能够建造新的设施（包括图书馆、礼堂和游泳池），而无需支付土地征用和配套服务费用。

作为项目的特色和社交中心，公共部分成为设计的关键。平面图、剖面图、模型和 3D 图像都是在预期得到规划许可申请的情况下制作的。然而，就在提交日期的前几周，我们被告知，当地政府不能再对这个项目的核心公共设施进行投资。

客户似乎对此不以为然。而我们清楚地知道，规划提交必须保持在正轨上，浪费时间和损失收入不是办法。然而，公共元素是方案的核心。从功能上看，它将为当地提供急需的便利设施和文化设施；从历史上看，它将在城市中两条关键轴线的交汇处形成一个新的焦点；从形式上看，雕塑般的塔楼部分将与周围住宅区刻意单调的低层形式形成对比；从社会角度来说，它将确保开发项目不会成为脱离城市的居住飞地。

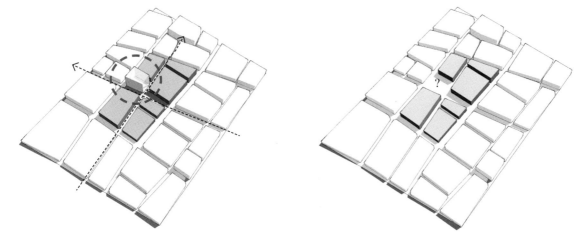

原设计　　　　　　　　　　　　　　　　　　　　难题

　　我们如何应对周围不断变化的环境？按照客户的要求去做很有诱惑力：不管怎样都继续进行，按原样完成提交。我们没有这样做，而是决定对项目开展设计审查，而设计评审提出了以下问题：

- 如何在不增加面积和成本的情况下保留公共便利设施？
- 如何才能尊重并表示出历史性的轴线？
- 如何保持令人满意的对比形式：以一个具有雕塑感的较高元素来作为住宅部分的补充？
- 如何才能在方案中保留怀有社会抱负的理念？

　　每栋住宅楼各有一个有顶中庭，所有公寓套房均可从中庭入户——这是客户在初期提出的要求，目的是让开发项目更有酒店的感觉。这个中心空间的问题是，它使公寓在技术上变成单一朝向，一面处于内部，同时在面积利用上也很低效。我们提议去掉这个中庭，让内部空间像一个大的庭院式花园一样向居民开放。这意味着公寓现在可以从街道入户，而且是双向的，还会有一个新的阴凉的花园空间。这样，从住宅楼中去掉的中庭空间的面积和体量，就会形成一个新的"公共"元素的主要部分，由开发商提供资金，无需额外的整体项目面积。这一部分将为居民提供便利设施，如图书馆、健身房、游泳池、活动空间和画廊等。功能上的复杂性增加了，使得建造成本略有增高，但由于提供这些设施而带来的未来收入增加则足以弥补这一点。客户随后联系了当地政府，后者仍然无法为建筑物提供建设资金，但提议他们在设施运营上进行合作，这样就可以像最初预想的那样向城市其他地方开放新设施。

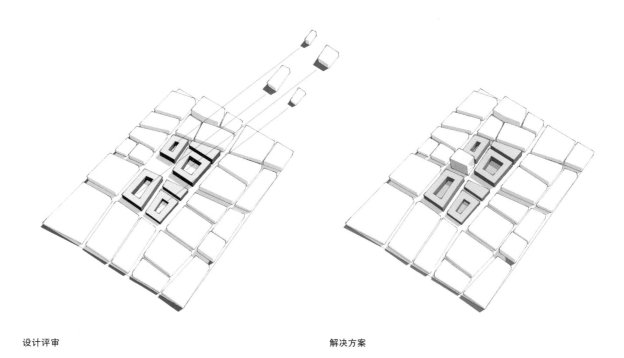

设计评审   解决方案

通过一次协作设计评审，我们设法保留了公共设施、整体形式和布局以及方案最初怀有的社会抱负。此外，这些公寓现在更有价值，因为它们是双向的，而且通风更好，同时还在每栋住宅楼的中心提供了绿色空间。

例 2——解决机械设备问题

一封接一封的电子邮件都没人理睬："我们需要冷却塔尺寸的最终准确信息，谢谢。""位于建筑顶部的设备屏障现在需要开始制作，以满足方案要求——根据我们 6 个月前的讨论，屏障的标高为 +23.130。您能确定冷却塔不会超过此标高吗？"还是没有回复。我们设计的一座办公大楼现在正在建造中，对供暖和制冷的要求相当苛刻，而且要求将大型冷却塔设置在屋顶上。然而，这些冷却塔的尺寸却从未得到完全确认。在建筑物顶部设计了一个屏障，作为遮蔽设备的视觉屏障，其高度设定为高于提供给我们的冷却塔高度 300mm。

随着屏障的建造和安装就位，机械设备终于到达现场。冷却塔现在比最初宣称的高度高出了 1.3m——高于屏障 1m。原本为遮蔽设备而增加的东西现在不起作用了，还变成了多余之物。更重要的是，这个看得到的设备不符合规划许可条款要求。负责项目的当地政府官员到现场视察，建议按照原批准设计中规定的高度更换冷却塔。

大楼已建成，并预计在不到一个月的时间内投入使用。配套服务工程师解释说，

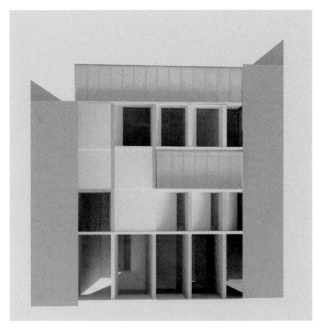

原设计
2.3m 高的屏障遮住后面的冷却塔

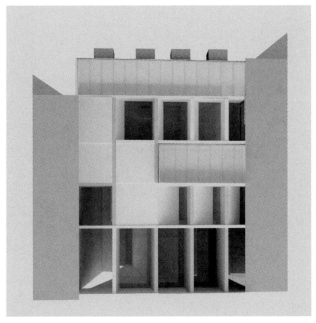

建造时——难题
建成的冷却塔高出屏障 1m

设备大小正好符合建筑物的供暖和制冷要求——拆除和更换设备是不可行的。另一个可能的解决方案是将屏障高度增加 1m。这将极其昂贵，而且不仅会涉及额外的结构，还会使建筑物超过最大允许高度。

我们向整个办公室公开了这个问题，力图解决这一难点。我们苦苦思索，直到一名工作人员制作了一张唐纳德·贾德（Donald Judd）雕塑的图片，将其旋转 90°，钉在墙上。我们都立刻明白了图像中包含的解决方案：

• 拆除不必要的屏障。

• 用冷却塔的立方体形式来界定建筑物的顶部。

• 以考虑周全的方式对设备进行处理或喷漆，去除不必要的标牌和结构，使其成为建筑物的一部分。

这个办法既解决了毫无用处的设备屏障问题，同时又改善了冷却塔外观。这也将是一种更诚实的表达功能方式——暴露设备的想法比充满歉意的屏障更能唤起我们的现代主义情感。新的冷却塔还将提供与相邻建筑物的不同屋顶形式的对话，而不是一个单调的水平屏障。我们甚至还可以利用中间的空间作为屋顶花园。我们所需要的，只是特殊的油漆和一个新的玻璃栏板。

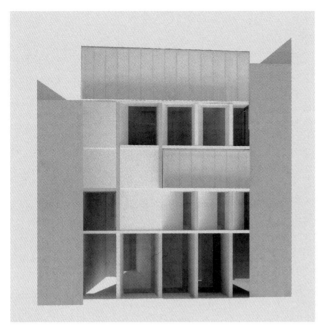

设计评审
建造比冷却塔高的屏障在美学和法律上都不可行

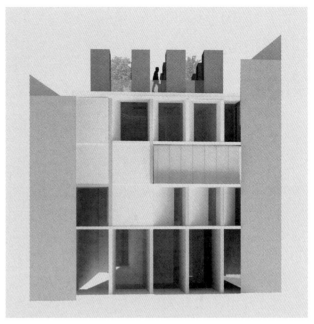

解决方案
冷却塔重新漆刷，去掉不必要的结构，成为建筑顶部一个新的、更诚实的形式元素

由于高于批准高度的建筑顶部体块并不连续，而且更具通透性，又退后于建筑线，设计变更被接受，重新提交的方案也获得批准。通过协作设计评审，我们成功地避免了一场灾难，并梳理出原始设计中隐藏的机会。

利用设计评审的力量

设计评审是建筑师可以利用的最基本手段之一。无论项目处于什么阶段，进行协作和客观的评估都是设计取得成功的关键。评审时的短暂停顿让我们能够以一种审慎和理性的方式，客观地对可能影响项目的参数变化做出反应。此外，设计评审的协作性为这些问题提供了全新的视角，这可以释放我们设计中隐藏的潜力，并识别出未发现的缺陷。无论时间、金钱或职位等级怎样，我们都应该在实践中为设计评审留出时间。否则，我们的设计就会受到影响。

图解
复杂与混乱

diagram，图解，动词

源自古希腊语 —— diagraphein（用线条标记出来）

1. 以图表的方式表示；在图表中显示（解释某物操作的简图或草图）。

在建筑设计中，为了消除理论的神秘性和证实主张，清晰性和直接性是必不可少的（见"模糊性"一节）。然而，这并不适用于实际的设计，实际的设计复杂多样且丰富多彩。要采用最神圣的建筑设计技巧：图解。

作为学生，经常有人教导我们，无论做什么都要确保"图解清晰"。这种精确的描绘旨在将建筑理念提炼成一个单一的愿景。这可能是一个值得追求的目标，但这样做也将设计局限于一种结果、一种形式安排、一种功能方案、一种空间关系。

我认为，我们应该让我们的图解变得更加混乱，从而带来多种结果。这样，我们就能够提供变化和张力，而不是千篇一律和单调乏味。借助于图解的缠绕纠结，我们可以做出更丰富、更自由的设计，让我们的眼睛去观察，让我们的城市去接纳，最终让使用者去栖居。

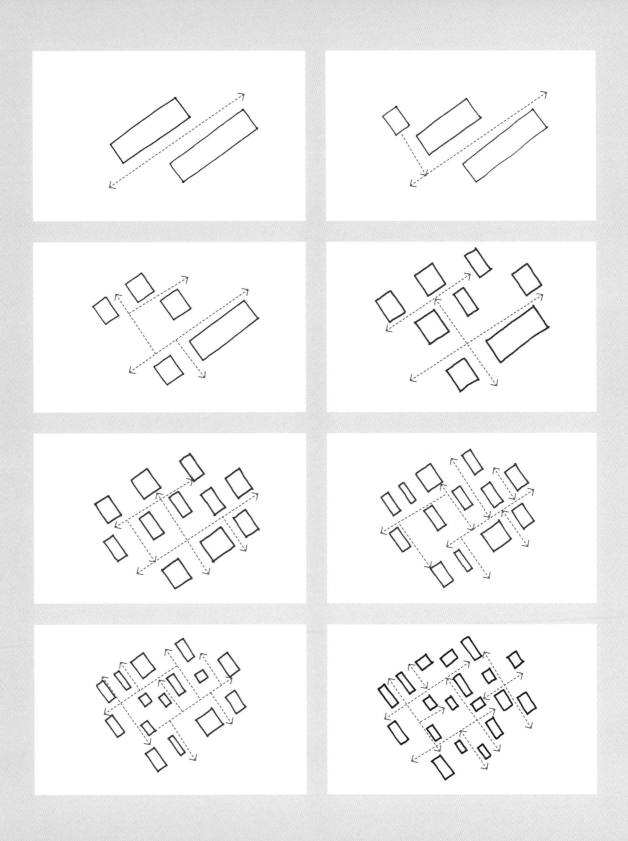

优化

为速度而设计

optimize，优化，动词

源自拉丁语——optimus（最好的）

1.（及物动词）使尽可能地完美、有利、有效。

2.（及物动词）以最高效率执行任务或活动。

3.（及物动词）在整合单独的、经常相互冲突的需求时找到最佳解决方案。

许多建筑风格似乎都包含了运动：哥特式建筑是一堆缠绕在一起的扭结形式；巴洛克风格是慵懒美妙的向上摇摆；新古典主义是规范的高扬阔步；粗野主义像巨浪猛烈地撞击着岩石；解构主义则像是剧烈的、不协调的痉挛。然而，没有一种风格真正捕捉到了速度。

人们常说装饰艺术（Art Deco）以其流线型的曲线和华而不实的装饰唤起速度感，但这是一种生硬的速度理念——就像给一个懒人穿上了背心和跑鞋，然后称他为短跑冠军一样。

为什么要尝试创作具有速度感的建筑？速度是通过形式与功能的优化实现的，无论是通过进化还是设计。要摒弃不必要的组件；选择形式要因地制宜，而不是借用、循环使用几何图形；选择材料要考虑经济性和性能；色彩和图案也总是有用的，就像孔雀的羽毛或军舰的伪装。所有这些都是我认为建筑应该追求的品质，就像下面的例子所示。

游隼（Peregrine falcon）

鸟的速度不是依靠发动机实现的，而是依靠其结构特性。

- 龙骨——结构

大龙骨（胸骨）使大肌肉群产生高速所需的动力。

- 翅膀——形式

翼展是鸟体总表面积的两倍多，可为飞行提供动力。在飞行过程中，鸟翼收拢成流线型，形成一种类似飞机机翼的翼型效果。

- 羽毛——物质性

羽毛小而坚硬，可以减少阻力，比长而松散的羽毛更能提高速度。

卡蒂·萨克号

卡蒂·萨克号是最早的快速帆船，或者叫作快船。

缠绕 意大利米兰大教堂

哥特式 美国得克萨斯州天后激战（Diva Battle Royal）

摇摆 西班牙阿利坎特圣玛丽亚教堂

巴洛克式 探戈舞者

正统 朝鲜平壤万寿台议事堂（Mansudae Assembly Hall）

新古典主义 中国仪仗队

猛烈撞击 日本日南市文化中心（Nichinan Cultural Centre）

粗野主义 波浪撞击岩石

痉挛 美国洛杉矶迪士尼音乐厅（Disney Concert Hall）

解构主义 极度兴奋中的女孩

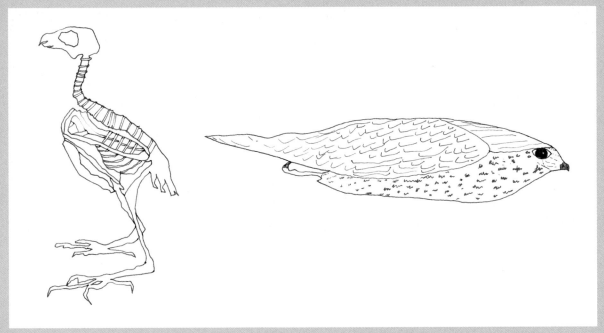

游隼 结构、形式、物质性

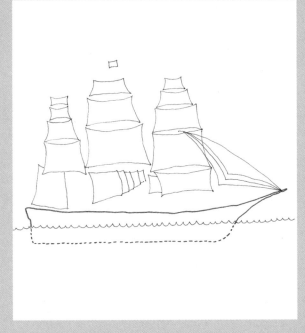

卡蒂·萨克号三桅杆商船 结构、形式、物质性

- 船头 + 船尾——结构

长长的船头可以防止水冲刷船体，方形船尾提供浮力，使船能在水中航行。沉重的铁制船身提供质量来产生动力。

- 船帆——形式

帆的面积是船面积的 4 倍多。因此，就像游隼一样，被运载的质量明显小于运载它的质量。

- 船体覆层——物质性

船的外壳覆有一层黄铜和锌的复合材料，可防止生长藤壶和发生锈蚀，否则会减慢船的速度。

从这两个例子中可以学到些什么，来指导我们的建筑设计呢？

将结构限制为基本要素

不应该有任何无关的、多余的东西；每个结构元素都应该是必不可少的。在建筑学中，这可以理解为结构形式与装饰是一体的。如果要加上一层表皮，为什么还要用钢框架，填充绝缘材料呢？如果我们效仿游隼或卡蒂·萨克号，表皮就是结构的一部分，反之亦然。然而，在鸟或船的例子中，为了产生必要的动力，也需要有很大的质量（由游隼的超大龙骨或卡蒂·萨克号的铁质结构提供）。在建筑中，这意味着需要坚固的体量或底座作为较轻元素的对立面。

量身定制形式

为了保持活力感，建筑体量不应主导整体形式。作为一个粗略的指导，请尝试将轻元素与实体块的最小比例控制在 3 : 1。形式不应是故意的或随意的；游隼或快船的每个元素都是流线型的，并且是量身定制的，这都是为了使其能够达到最大速度。举例来说，在建筑中这意味着，屋顶上不应该有笨拙的体块来容纳设备；不应该有任何不利于完全功能形式或与环境相关的东西添加；不应该从其他项目中借用任何不完全符合项目需求的东西。

正确使用材料

材料的作用至关重要：游隼的羽毛和卡蒂·萨克号船的黄铜船身都是建筑的完美典范。不可否认，二者都很漂亮，但更重要的是，它们对实现速度都起到了至关重要的作用。真正的美不仅仅关乎美学，还必须具有功能性。在建筑中，这可能表现为炎热气候下反射建筑热量的纯白色涂料；可能是使通风顺畅的雕塑般金属鳍片；可能是使用穿孔网的覆层，以同等程度提供隐私和光线。美观与功能在设计中必须始终相辅成成。

通过结构经济性、量身定制形式和适当的材料选择，我们就可以创造出具有速度感的建筑，也是最优化的建筑。

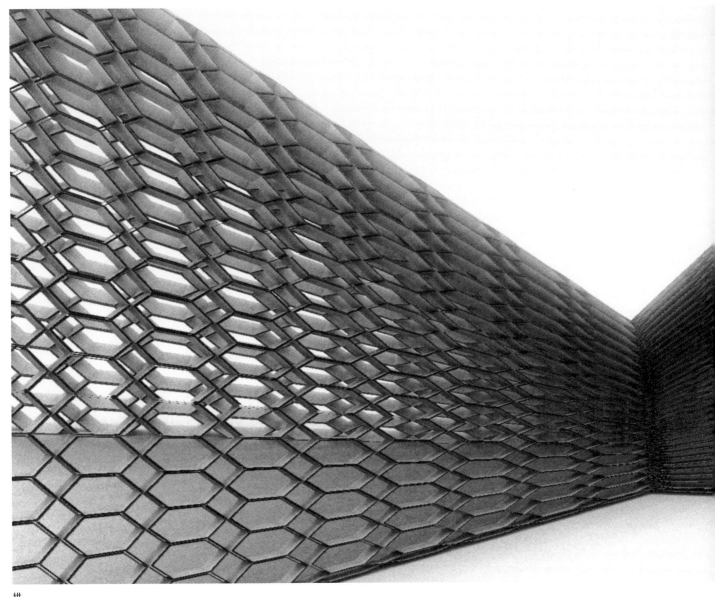

拱
巴黎，J. 泰特设计，2012 年

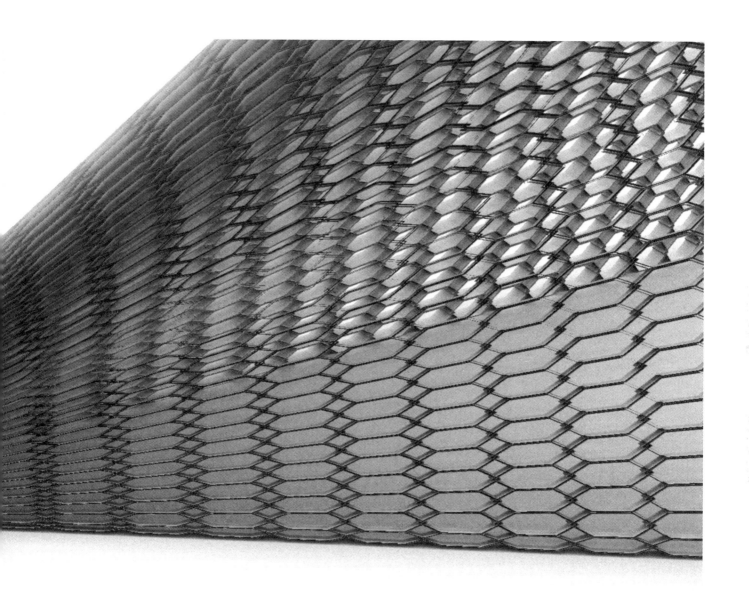

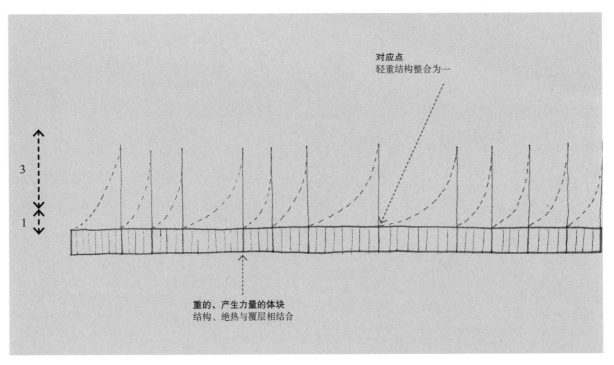

对应点
轻重结构整合为一

3

1

重的、产生力量的体块
结构、绝热与覆层相结合

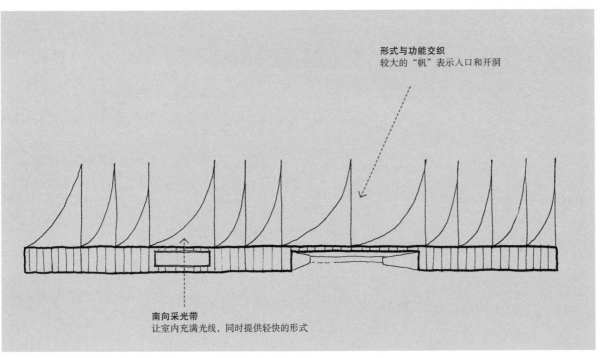

形式与功能交织
较大的"帆"表示入口和开洞

南向采光带
让室内充满光线，同时提供轻快的形式

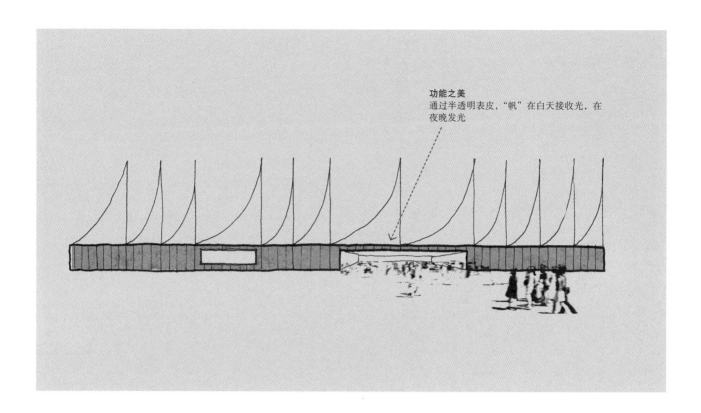

功能之美
通过半透明表皮，"帆"在白天接收光，在夜晚发光

节约

在节俭中寻找亮点

economize，节约，动词

源自古希腊语 —— oiko-nomia（房屋 —— 管理）

1.（不及物动词）节省；认真管理资源，避免铺张浪费。

2.（及物动词）节省地使用。

在建筑设计中，有时人们期望奢华，即使可能并不需要。奢华经常被建筑师及其客户用作实现某种效果的手段。例如，地方政府可能想要一个标志性的博物馆，以显示他们处于"文化"的最前沿；企业可能想要一个富丽堂皇的大厅来打动客户；酒店可能需要精工细作的室内设计来彰显奢华感；或者房主可能想在自己的新厨房里安装一个金制水龙头……就是喜欢，没有别的原因。然而这些项目只是例外情况；在99%的情况下，客户只是希望按照计划和预算建造建筑物。虽然缺乏预算和时间乍一看似乎会限制创造力，但只要抛开过度的奢华，我们可以找到其他方式来发挥才华。

一个精明的方法可以让我们在节俭中找到灵感。我们可以提炼出重要之处，过滤掉不重要的内容。要专注于设计；要为建筑突出特色的包容性或完整性而努力。这种方法可以将普普通通的项目提升为经过深思熟虑的建筑——无需额外的成本。

相隔60年建成的两个低成本社会住房项目实现了这种亮点与节俭的结合，其中一个是伦敦霍尔菲尔德庄园项目（Hallfield Estate），由泰克顿（Tecton）建筑事务所设计，林赛·德雷克（Lindsay Drake）和丹尼斯·拉斯顿爵士（Sir Denys Lasdun）于1949~1955年完成；另一个是格拉斯哥的劳里斯顿一期项目（Laurieston Phase 1），由埃德与坎农建筑师事务所（Elder & Cannon Architects）设计，于2015年竣工。霍尔菲尔德庄园设计于二战后的地方自治委员会财政紧缩时期，而劳里斯顿项目是为一家住房协会（Housing Association）以每套住房110000英镑的成本（平均每套比较成本为129300英镑）建造的。[1]

至关重要的是，实现这一目标是一个选择战斗的过程——尽力设计重要的东西，放手不重要的东西。如果认为预算不会影响我们的建筑质量，那就太天真了——预算确实会影响建筑质量。但是，我们总能找到办法，在财务限制下巧妙地工作，在设计中体现出质量和美感。任何将妥协的设计归咎于预算不足的建筑师，要么是没有在第一时间找到呈现亮点的地方，要么是在发现后没有竭尽全力地保留住。如果我们设计的成功完全取决于可用的建造资金，那么它们首先就不是好的设计。

霍尔菲尔德庄园项目

亮点

建筑师为确保从街道标高向建筑标高的过渡得到重视而颇费心机。通往垃圾区的通道是一段斜楼梯——借助楼梯的方式，一个通常被隐藏起来的简单功能被赋予了额外的魅力，这部楼梯在形式上富有表现力，从某些角度看似乎是漂浮的

节俭

楼梯由混凝土和钢材等简单、低成本的材料制成。这种漂浮的错觉是通过使用不显眼的深蓝色斯塔福德郡（Staffordshire）砖块支撑而产生的

劳里斯顿项目

亮点

一个简单的雨篷不仅是你找钥匙时避雨的地方，而且借助于材料和形式的精心选择，还能成为一种能指。材料的选择使雨篷与上面的过梁保持一致（而不是后加的构件），同时夸张的形式使整体立面构图增色

节俭

雨篷由现浇混凝土制成，这是一种很容易获得且相对便宜的材料和工艺。雨篷没有贯通使用，而是仅用于从街道直接入户的底层公寓。这表明这些公寓具有特殊的平面类型，同时通过仅在必要的地方使用而减少了雨篷的总数。入口形式乃至建筑形式都展示了功能

霍尔菲尔德庄园项目

亮点

根据建筑类型和预算的要求，标准化的平面和重复的建筑布局将形成同样标准且重复的外观，认识到这一点后，泰克顿建筑事务所打破现代主义惯例，将大楼的功能与立面分开处理。立面被处理成红色和灰色方格的抽象艺术品，以及预制混凝土板组成的不同的线性图案。左图中，通过将栏板之间的栏杆涂成黑色，进一步关注细节，从而产生"漂浮"的效果；栏板看上去完全脱离了建筑物的结构 [2]

节俭

将立面作为艺术品的处理是通过最简方式完成的。在方格状立面上，面板之间简单的颜色变化是创造预期效果所需的一切。对于混凝土"栏板"，垂直元素和水平元素都不仅仅是装饰性的——它们也是柱子的位置和栏杆的高度，这是无论如何都需要的。通过对这些元素进行统一化和抽象化处理，立面借助一些巧妙的设计动作而成为一件"艺术品"

劳里斯顿项目

亮点

尽管在材料和比例上采取了统一的方法，但通过按照公寓的功能和方向来决定不同的方法而在立面上实现了多样化。东立面上朝向外面的卧室窗户比例狭窄，反映了限制日光并增加私密性的需要。朝西的立面以深阳台为特点，阳台提供了真正的外部空间，以利用晚上的景色和日落，以及它面向一片绿地区域的独特之处。南立面有较宽的窗户和凸出的阳台，可以最大限度地利用日照，增加日光，同时为起居区域提供更多的室外空间

节俭

通过在比例、材料和建筑构件（预制混凝土过梁、金属栏杆、木扶手）的一致性范围内提供变化，整个建筑可以使用相同的建造方法、供应商和分包商。这种方法意味着建筑在各个方面都对周围的环境和背景做出呼应，但又在整体上保持了连贯性。除了视觉上和建筑上的一致性外，这种立面设计方法还在整个 1500 套公寓的项目中创造了规模效益

霍尔菲尔德庄园项目

亮点

由红砖与平钢窗组成的立面平淡无奇，增加的雕塑般阳台使其富有生机。这些都有助于提供视觉趣味，同时也为居住者提供了小型室外花园空间和整个小区美景。标准化直线型阳台或者没有阳台就不会像现在这样给立面带来趣味性

节俭

这些富有表现力的阳台只在三楼和五楼有，减轻了遮蔽，同时也限制了整体数量。与楼梯一样，这一富有表现力的元素也是由混凝土、抹灰和钢材等相对低成本的材料制成

劳里斯顿项目

亮点

在建筑体块中引入一个突出的悬浮玻璃盒子，别出心裁地打破了北立面的重复。这为立面增添了惊喜的元素，同时也为住宅的居住者创造出一个独特的空间

节俭

节俭之道在于精打细算。这个玻璃盒子仅用了一次——表示出大楼中的独特住宅类型，即一套三层联排别墅，并提供了一个局部寻路装置。通过仅在表示不同事物的地方使用这一元素，其使用的完整性才得以保持，与之相关的额外成本也不会随意地分散于整个建筑。这种稀缺性激起了每个观看者的好奇心，而如果它无处不在，情况就不会如此了

霍尔菲尔德庄园项目

亮点

依据位置、可见性和功能使用不同等级的材料。支撑大楼的角柱呈锥形，有凹槽，用混凝土浇筑外包百叶板制成，表明对细节的关注和重视程度更高——因而更具重要性。山墙立面贴覆白色瓷砖，有精心细致的灰色水泥勾缝网格，而悬挑下方的砖——最不显眼的地方——则未经装饰且建造简单

节俭

通过确定建筑物的哪些部位需要通过材料表达来显示出更高的重要性，不太重要的部位可以用成本较低的材料作为弥补。通过材料选择，柱子和山墙处于主导地位，而后墙次之，这样正好与这些部位的功能相适应

劳里斯顿项目

亮点

整个建筑的主要材料是相对昂贵的手工砖，这种砖给街道带来温暖而有质感的外观。屋顶同样形成面向街道的线性轮廓，没有任何住宅建筑的老套做法，使建筑有一种更人性化、更正式的感觉，与曾经主导这一地区的乔治亚风格和维多利亚风格露台有异曲同工之妙

节俭

建筑师知道要不惜一切代价保留建筑的质感和温暖感是非常重要的，因此决定在建筑的背面使用机器制造的砖块，这在街道上是看不到的。从表面上看，这似乎是一种节约成本的做法，但砖的反射特性使光线在后院和花园之间反射。同样，屋顶的坡度只有在居民的后花园区域才能看到，在不面对街道时呈现出比较住宅化的感觉

用色

慎用红色

colour，用色，动词

源自拉丁语 —— color（色调，色度）

1.（及物动词）给某物着色（色度、色调、阴影）。

2.（及物动词）赋予某物可辨认的特性。

3.（及物动词）以扭曲的方式施加影响。

套红（rubrication）源自拉丁语单词 rubrica，意为红赭石或红粉笔，套红工艺是指中世纪手稿中用红墨水标出重点文本的做法。这样做可以使晦涩难懂的文本要点突显出来，同时也增加了赏心悦目的装饰成分。因此，套红使手稿便于大众阅读，并有利于商业上的成功。[1] 建筑也可以利用套红手法。

红色的用途

红色是一种富有感染力的颜色，在不同的文化中有着不同的含义：激情、力量、爱、仇恨、愤怒、权力、警告、性、浪漫、鲜血、革命……很少有颜色能唤起如此多的概念。

例如，在西班牙古老的斗牛运动中，红色被用来对抗公牛；从法国共和党人到苏联布尔什维克，各种各样的革命者都用红旗作为反抗的象征；在英国，邮筒被漆成鲜艳的红色，使其更加醒目；快餐店起源于美国，长期以来一直使用红色来促进冲动购买和刺激食欲；[2] 而世界各地则都利用红色所具有的紧迫性来直观地阻止交通。

红色在建筑中的使用也非常活跃。在中国古代建筑中，红色与黑色结合象征着幸福；在瑞典，人们把房屋涂成红色，以便在没有砖的环境中模仿出砖石建筑的宏伟；在印度，许多传统建筑都是用当地的红砂岩建造的，尤其是寺庙和城堡。

在当代建筑中，红色最成功的运用，或许就是在它被诚实地使用的时候：即建筑物的材料原本就是红色的，而不是被用成红色。比如，在格拉斯哥附近由吉莱斯皮、基德和科亚建筑公司（Gillespie, Kidd and Coia）设计的圣布莱德教堂（St Bride's Church），红砖给坚实的巨石带来温暖，在以灰色粉刷建筑为主的景观中形成鲜明的标志；由赫尔佐格与德梅隆事务所（Herzog & de Meuron）设计的马德里 Caixa Forum 艺术馆，使用氧化铁屋顶作为下部现存砖块的"触觉和活力的补充"；[3] 还有苏托·德·莫拉（Souto do Moura）设计的位于葡萄牙卡斯凯斯（Cascais）的历史博物馆（Casa das Histórias），深红色的混凝土让人联想到当地的乡土色彩，同时也与周围的绿色植物形

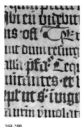

强调 　　危险 　　革命 　　易辨识 　　饥饿 　　警示

红砖
英国东基尔布莱德的圣布莱德教堂，吉莱斯皮、基德和科亚建筑公司设计

红色铁皮
马德里 Caixa Forum 艺术馆，赫尔佐格与德梅隆事务所设计

红色混凝土
葡萄牙卡斯凯斯的历史博物馆，苏托·德·莫拉设计

成鲜明对比。[4] 在这些例子中，很明显红色是整个建筑设计的重要组成部分，它表达了纹理，强化了形式、背景关联性以及阳光的效果。

但是，建筑上的套红处理，即建筑师运用红色（通常是采用鲜艳的涂漆饰面方式），来突出建筑的某个关键部分，又如何呢？在这方面，谨慎使用红色至关重要。红色用得过多，建筑就有可能被解读为笑话。我们是希望建筑仅以其颜色为特点，还是希望建筑因其形式、创造的空间、对环境的反应以及被利用的方式而被人们铭记呢？

如果红色的使用过于占主导地位，就可能有被用作掩饰建筑的呆板、乏味之嫌。如果过度使用，这种颜色会失去其所有的力量。考虑一下，如果将红色从建筑中去掉，建筑会变得更好还是更糟？我们应该着眼于谨慎而节制地使用红色，突出建筑的显著特征，并吸引人们关注其关键原则。

——强化精神

在美国普林斯顿 PA 技术产业园（PA Technology Industrial Park）项目中，理查德·罗杰斯用红色作为一种象征性的手段，来强化其作品中的持续主题——赞美结构。为了强化这种精神的物理表现，外部的张拉结构被涂成红色，以强调其对整体设计的重要性，并提振了这种普普通通的建筑类型，使其摆脱了简单的钢棚形象。

——促进可读性

建筑师伯纳德·屈米（Bernard Tschumi）把自己设计的巨大的巴黎拉维莱特公园（Parc de la Villette）描述为"有史以来建造的最大建筑之一——虽然是一个不连续的

精神的表达
美国新泽西州普林斯顿 PA 技术实验室

如果没有使用色彩，设计的关键功能元素——缆索结构——就无法在视觉上表达出来

易读性
巴黎拉维莱特公园，伯纳德·屈米设计

如果没有使用色彩，"分散点"将变得难以辨认

对话
伦敦奥林匹克能源中心，约翰·麦克阿斯兰设计

如果没有使用色彩，楼梯就会退隐到后面的水箱中，从而削弱整个建筑东端的构图

加强识别性
柏林 GMW 大楼，索布鲁赫·胡顿建筑事务所
（Sauerbruch Hutton）设计

弱隐喻
伦敦蛇形馆（Serpentine Pavillon），让·努维尔
设计

个人偏好?
美国洛杉矶温奈特住宅，KDA 建筑事务所设计

建筑，但仍然是一个单一结构"。[5] 为了使这座巨大的"建筑"清晰可辨，屈米设计了一连串 25 个"分散点"，让公园使用者可以穿行在不同的文化休闲设施中。这些彩色钢制景点成为公园广阔空间中的标志，从远处就可以通过颜色辨认出来。

——促进对话

在约翰·麦克阿兰建筑事务所（John McAslan + Partners）设计的伦敦奥林匹克能源中心项目中，建筑构图以 45m 高的烟囱塔为主导。为了平衡建筑构图，一部楼梯被表现为紧邻黑色水箱的彩钢雕塑般的元素，从而成为"特色"之处。这使得建筑东端与烟囱塔形成形式上的对话，也与耐候钢网立面的朴实色调形成色彩上的对话。

结论

建筑中的色彩运用应该是所选建筑材料自然色调的结果。或者，如果进行用色处理（运用色彩来突出建筑元素），应做到谨慎和深思熟虑。否则，色彩的使用可能会显得武断而随意——而任何利用色彩意欲传递的信息都可能会丢失。

对比

异彩纷呈

contrast，对比，动词

源自意大利语——contrastare（反对）

1.（及物动词）为揭示差异而进行比较，相反的形式、性质、功能等。

2.（不及物动词）与其他事物比较而显示出不同或相反的特性。

"在这个世界上，没有一种品质不是通过对比而得到的。没有什么东西是独立存在的"。[1]

——赫尔曼·梅尔维尔（Herman Mille）

建筑因对比而变得生动：明与暗、弯曲与直线、有序与无序、粗糙与光滑、透明与不透明、实与虚，等等。如果没有对立面，这些品质中的每一种都将毫无意义。当与上方射下来的刺眼光束形成对比时，黑暗会显得更暗；当与直线元素并置时，曲线会变得更加优雅、更加明显；在与周围城市的混乱并置时，广场的比例会显得更加纯净；当窗户设置在不透明的墙上时，其透明性更加显而易见。

对比的需求是一种平衡行为。没有足够的对比会导致乏味。然而，过多的对比和冲突元素则会相互竞争。无论哪种方式，单个的建筑元素可能变得难以区分，整体构图感也会消失。

对比可以通过建筑物对其环境的响应来实现，也可以在单体建筑的设计中实现。例如，在城市层面，你设计的建筑与现有的网格是否形成对比？你的立面设计是模仿了相邻建筑，还是与之形成对比？或者，在景观中，你的建筑是模仿了地貌，还是与地貌截然不同？你的建筑平面是容纳了一系列相互强化的对比空间，还是将空间视为常规的静态结构？建筑物是一堆乱哄哄的形式和相互竞争的对比，还是一种精心设计的对比构图？

我们可以从建筑的三个方面来观察对比：特征——它如何回应周围的其他建筑，以及它与其他建筑的对比程度；节奏——建筑的平面或形式如何通过不同的对比来增强趣味性和感知度；纹理——建筑通过其嵌入或形成纹理的方式给人留下的印象，以及建筑的纹理是精细的还是粗糙的。

建筑中的对比

明与暗
爱尔兰邓里堡（Fort Dunree）

直线与曲线
巴西利亚国会大厦（National Congress），奥斯卡·尼迈耶设计

有序与无序
意大利威尼斯圣马可广场（Piazza San Marco）

虚与实
西班牙阿雷格里港伊比雷·卡马戈基金会（Fundação Iberê Camargo），阿尔瓦罗·西扎（Alvaro Siza）设计

透明与不透明
纽约惠特尼现代艺术博物馆（Whitney Museum of Modern Art），马歇·布劳耶设计

没有对比

这座建筑通过模仿周围环境而变成"泽利格格式"的变色龙建筑。它软弱、谦卑，又缺乏自信

对比过度

这座建筑尽其所能挤入场地。它没有对周围环境表示出任何尊重。它贪婪、自私、咄咄逼人

对比平衡

这座建筑尊重周围环境的某些关键因素——楼层高度、屋顶形式、立面节奏——但以自己的方式做到了这一点。它自信、有把握、适应力强

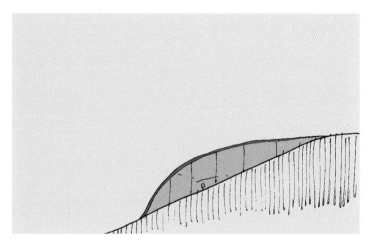

没有对比
这座建筑由于复制周围环境而变成"泽利格式"变色龙建筑。它软弱、谦卑，又缺乏自信

对比过度
这座建筑尽其所能挤入场地。它对周围环境没有表示出任何尊重。它贪婪、自私、咄咄逼人

对比平衡
这座建筑尊重周围环境的某些关键因素——楼层高度、屋顶形式、立面节奏——但以自己的方式做到了这一点。它自信、有把握、适应力强

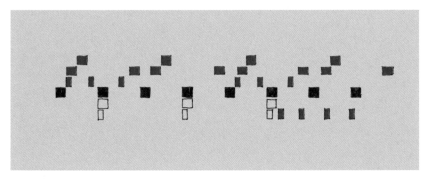

典型的电子节拍序列

图例

■ 切分音的基调强节奏/结构网格外的墙体

□ 非切分音的基调强节奏/结构网格上的墙体

■ 低音鼓/结构网格

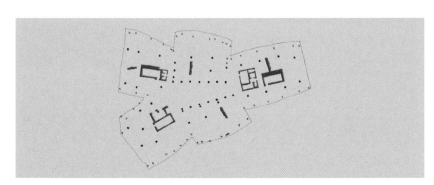

索尔兹伯里大教堂
（Salisbury Cathedral）

平面图

对比不充分
墙和开洞总是出现在网格上，形成一种连续不间断的非切分音节奏

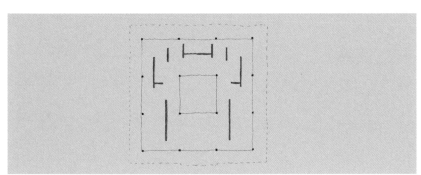

诺华校区（Novartis Campus）

弗兰克·盖里设计
对比过度
结构网格偏离，意味着没有反衬切分节奏的连贯节奏基础。平面图变得随意，切分节奏消失

沙佛博物馆（Schaefer Museum）

密斯·凡·德·罗设计
对比平衡
结构网格始终保持不变，为整个平面构图提供了框架。切分节奏被小心地置于网格之间，从而增加变化、惊奇和动感

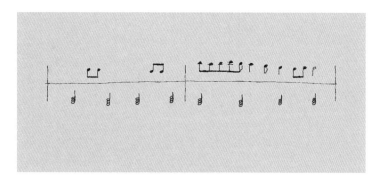

《卧龙战警》(Deep Cover)
活页乐谱，德瑞博士（Dr Dre）

重音

低音

没有对比
低音和重音组合成一种单调的形式

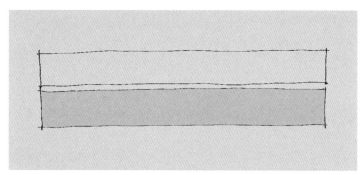

对比过度
不一致的基准意味着"重音"和"低音"
争夺相同的空间

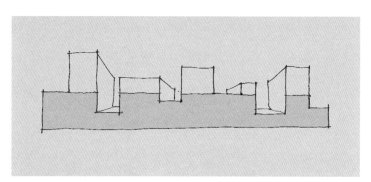

对比平衡
一致的基准使上面的形式更具表现力，
从而更加独特

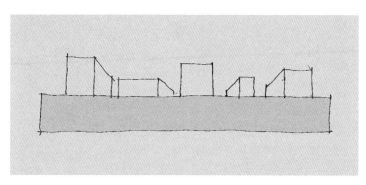

247

细密纹理　沙丘

细密纹理　约旦安曼（Amman）

没有对比
新建筑融入城市肌理，没有对比或层次感

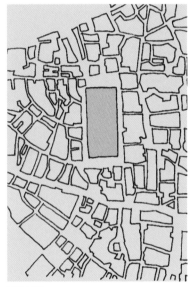

对比过度
新建筑没有考虑现有的街道模式和街区大小

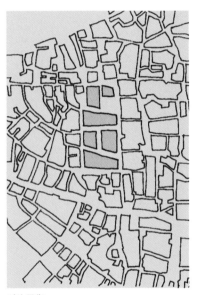

对比平衡
新建筑考虑了现有街道模式，同时在大小和形式上形成对比

特征对比

伍迪·艾伦（Woody Allen）于 1983 年拍摄了喜剧电影《泽利格》，这部影片对于建筑的对比具有启发性。主角伦纳德·泽利格（Leonard Zelig）不断地模仿身边的人们，渴望融入其中。他装扮成共和党人、民主党人、棒球运动员、意大利黑帮分子和非裔美国人小号演奏家，以及其他形形色色的人。由米娅·法罗（Mia Farrow）扮演的尤

粗糙肌理 岩石海滩

粗糙肌理 纽约曼哈顿

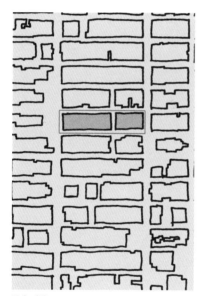

没有对比
新建筑融入城市肌理，没有增加街区的通透性或通行性

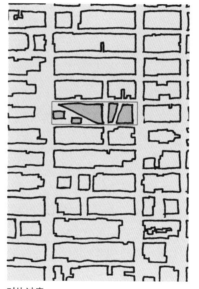

对比过度
新建筑过于支离破碎，与僵化的街区模式相冲突，忽视了临街面

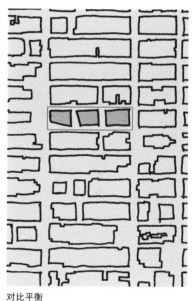

对比平衡
新建筑通过保持临街、没有过于分散来尊重街区

　　多拉·弗莱彻博士（Dr. Eudora Fletcher）最终让泽里格面对一些逆反心理，让他承认自己并不快乐："我是谁，我什么都不是？"[2]他想左右逢源的愿望实际上就是不愿做自己。同样的道理也适用于模仿周围环境的建筑。

　　在城市中，创作与周围环境相适应的"泽利格式"建筑存在很大压力；这是一种没有对比的建筑。这通常是为了安抚规划部门或遗产组织，但是，这也反映出人们缺乏信心，不愿探索在多大程度上可以成功地使用对比。相反，创作"反泽利格式"建筑也存在商业压力——"反泽利格式建筑"在一个场地上挤入尽可能多的楼层和可出租面积，却很少考虑环境，结果导致建筑对比过度。建筑应该与时俱进，符合特定的关注点，为城市增添另一层记忆。为了达到这一点，保持均衡的对比度至关重要。

同样的问题也会影响景观中的单体建筑。我们可能会试图模仿建筑周围的地形，使景观和建筑融为一体：这样做会缺乏对比。或者反过来，通常由于商业压力，在独特的景观中采用了不适宜的"一刀切式"解决方案。或许阿尔瓦罗·西扎的观察给了我们答案："人类创造的东西是不自然的……我越来越相信，自然与人为之间必须有一定的距离。但二者之间也必须进行对话。建筑源于自然形态，但它也改造了自然"。[3] 通过引入人造建筑与自然景观之间的对比对话，我们可以赞美二者。

节奏对比

我们可以看看音乐的结构，了解如何在建筑设计中引入节奏对比。

——切分节奏

电子音乐以标准的 4/4 节奏切分音为特色。切分音（Syncopation）是一种音乐技巧，它在预期的节奏之前或之后引入一个节拍，以便带来变化和惊喜。在电子音乐（或室内音乐）中，这使得机械节拍更有弹性，更像是一种有机的节奏。这是通过在主 4/4 低音鼓之前和之后精心设置对比打击乐元素的"强拍"来实现的，从而产生复杂的充满对比的声音效果。

在建筑平面中，如果我们将结构网格视为 4/4 节拍，那么我们可以将其与其他元素切分，以提供必要的强拍：平行墙体可能会与结构网格略微交错，以便带来动感；紧挨着网格的更短、更突然的垂直墙体可以形成短暂的停顿。一系列不同的元素结合在一起，带来动感和形式与空间的对比。如果所有的墙体都设置在结构网格上，就不会发生切分；如果它们都随意排列，建筑平面就会不连贯，没有整体结构。密斯·凡·德·罗是平面切分法大师，他使网格以有规律的方式展开，同时在切分构图前后引入墙体和洞口。像电子乐制作人一样，他在有规律的节拍（网格）和更具表现力的重音（墙体）之间创造出一种对比的平衡。

——低音线

对比之下，在嘻哈音乐（hip hop）中，歌曲几乎总是由一致的低音线驱动；人声、弦乐或圆号乐曲以及各种其他效果，都在这一基础元素的映衬下脱颖而出。低音线的连贯性和经济性（通常只有一两个音符）为对比提供了锚点。

这种方法也适用于建筑形式的设计。在设计一座建筑时，我们通常会有一个基准线——来自周围环境的一致水平——我们用这个基准线来适应建筑物的特定功能或比例。这个基准线就是我们的低音线。在此之上，我们可以引入更多的表现元素，如额外的雕塑块或锥形屋顶形式，这些都与低音线形成对比。这两种元素之间的对比与统一达到了平衡。例如，可以看看勒·柯布西耶在巴黎附近设计的萨伏伊别墅（Villa Savoye），或者阿尔瓦·阿尔托（Alvar Aalto）设计的芬兰厅（Finlandia Hall）。在这两个例子中，富有表现力的屋顶形式都通过下部一致的"低音线"得到了强调。同样，在基础块和表现元素之间实现适当的平衡是至关重要的。

肌理对比

沙子被认为具有细密的肌理：一堆本身看起来微不足道的细小颗粒，结合在一起就形成了均匀的金色地毯。细沙很容易穿过——几乎没有对比。相比之下，岩石、石头和碎石都具有粗糙的肌理——它们很大，很锋利，而且非常不同。岩石很难挪动——它们有过多的对比。这些粗细纹理的原理也适用于建筑。

——城市肌理

在城市层面上，"细密肌理"的特点是城市中的多个小街区争奇斗艳——形式上的细微差异往往被忽视，因为建筑物如此靠近，以至于几乎可以看成是一个整体。细密肌理的城市包括安曼、罗马和哥本哈根。这些城市相对具有通透性，为空间互动提供了充足的机会，而且有可能在其有规律的小街区布局中快速通行。粗糙肌理的城市有纽约、格拉斯哥和布宜诺斯艾利斯，这些城市都由更容易区分的较大街区组成。网格看起来像一系列不同的岛屿，而不是略有不同。然而，这些城市并不能通过建筑物实现尽可能大的通透性，也没有那么大的社交互动潜力。

通过在罗马等细密肌理城市的规划中引入更大的正交元素，我们可以提供一种对比，从而能够创造出新的历史层次，并提供与紧凑型规划形成谨慎对比的元素。然而，如果这种正交性的引入过于广泛、过于激烈，那么过度对比将在新方案与周围的现有建筑之间产生明显的物理分离。

在粗网格街区中，出现的问题恰恰相反。任何新方案如果没有足够的对比，就会产生复制同一街区的效果，从而进一步放大现有的高对比度。相反，要将街区分解成小块，让人联想到城市的细密肌理以及周围街区的统一性和规模。可以通过打破街区来实现对比平衡，但要以一种克制的方式参照关键的环境要素（城市网格、视线、周围建筑高度等），同时增加场地通透性。

对比对于建筑来说是不可或缺的，但是为了充分发挥对比的潜力，我们必须谨慎地加以利用。如果没有足够的对比，我们的建筑就有可能成为历史主义的、枯燥的和静态的建筑。如果对比过度，它们可能会显得咄咄逼人、断断续续和刺耳。实现适宜的对比平衡，将使我们能够通过特征、节奏和肌理来创作出充满自信、动感和多样性的建筑。

尺度
通过处理揭示新的可能性

scale，按（比例）调节，动词

源自拉丁语——scala（阶梯）

1.（及物动词）按特定比例缩减而形成、渲染或绘制（方案、模型、效果图）。

2.（及物动词）按比例调整大小或数量。

"我们所建立的所有社会体系不过是一张草图，即'一加一等于二'，那就是我们所学到的全部，可是一加一从未等于二——事实上世界上根本没有数字，也没有字母，我们把我们的存在塞入人类的框架体系当中，使之易于理解，我们创造了一个尺度，以便我们忘却原本难以理解的尺度"。[1]

——露西，电影《超体》（2014年）

尺度是我们感知事物与其他事物关系的方式。尺度是人类构想出来的，用来将一件事物与另一件事物进行比较，以便了解其大小；这是纯粹的相对主义。理解尺度要借助于由感知得到的数学测量。

理解尺度的最基本——也是最自然的方面是与我们自身的关系。人类首先根据他们最容易获得和了解的东西——他们自身——发展了一种测量尺度。例如，"英寸"来源于普通男人的拇指宽度；[2] "英尺"是基于普通人的脚的长度[3]；古代的腕尺是根据手臂"从肘部到中指指尖的长度来计算的，被认为相当于6个手掌宽或2个虎口跨度"。[4] 许多英制度量衡都以人体为基础，公制只是在20世纪下半叶才被普遍采用。

"人是万物的尺度"[5] 这一理念也适用于建筑。从扶手高度或门把手的人体工程学，到厨房的各种尺寸、楼梯段的升起高度或走廊的宽度——所有这一切的设计都与人体尺度以及我们如何使用这些元素和空间有关。这种人体测量法对于确保建筑物实用以及易于穿行和使用都至关重要。

另一个考虑因素是视觉尺度。视觉尺度与元素的实际物理大小无关，而与建筑元素相对于其正常尺寸或环境中其他元素的大小有关。[6] 建筑师可以操控视觉尺度，使大的建筑显得小，或使小的建筑显得大。历史学家杰弗里·斯科特（Geoffrey Scott）评论过巴洛克教堂模仿人体的曲线和起伏如何让教堂有了更亲密的尺度，而罗马文艺复兴时期的坦比哀多小教堂（Tempietto）则因其不那么人性化而显得更大。

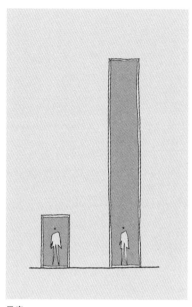

尺度
门与"入口狭缝"

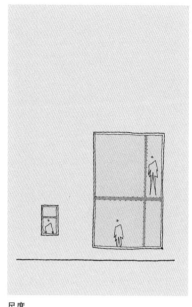

尺度
窗与"透明墙"

尺度
标准砖与"基本块"

视觉尺度包括从宏观到微观各种范围。例如，我们谈论"城市尺度"，是指总体规划和城市网格尺度上的建筑，其中开放空间与建筑形式的相对尺度、街道宽度与建筑高度的相对尺度都影响着环境的质量。我们还提到"街道尺度"，这是指在地面上作为建筑群体而体验到的建筑，其变化或统一、规则或不规则提供了街道的尺度感。最后，我们还谈到"建筑尺度"，这是指建筑物中单个元素的尺度，它们结合起来形成整体构图。

这些单个建筑元素——门、窗、墙——彼此之间的尺度关系确保了可读性。元素的熟悉度——砖块尺寸、门口高度、窗户高宽比——也使我们能够用眼睛来度量空间。建筑设计中的元素如何相互关联正是我们所习惯期望的。

这种熟悉性也会变得可预测和乏味。一扇 1m 宽 2m 高的门总是被看作门；窗户总是距地 1m 高，并在顶棚下 300mm（11 英寸）处；砖块总是长 21mm、高 65mm、厚 100mm。然而，这些标准化的元素可以转化为建筑手段——这些元素有助于整体概念，并通过其存在来定义建筑，从而挑战我们关于尺度和建筑应该如何的概念。

一扇门拉长了就变成了入口狭缝；一扇窗户扩大了就变成跨越多个楼层和隔墙的玻璃幕墙；超大的砖块尺寸会变成基本构造块。如果改变这些元素的尺度，就可以用来表达等级性与重要性、开放性与照明度、坚固性与稳定性——或者挑战对建筑常态的认知。

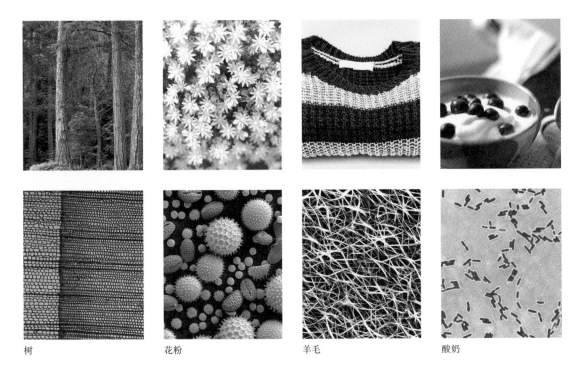

树　　　　　　　　　花粉　　　　　　　　　羊毛　　　　　　　　　酸奶

如果把一件日常物品放在显微镜下，尺度的真正奇观可能最为生动。一个简单、易辨认的物体立即会变得复杂又难以辨认、无穷小又抽象，揭示了其中隐藏的世界。没有任何实质性的变化影响它，也没有任何物质上的重新安排；这不过是尺度问题。在显微镜下，物体的真实结构显现出来：树变成了复杂的拉梅曲线矩阵；花朵上的花粉粉末变成了一堆带刺球体；羊毛衫变成了一团错综复杂的粗线；酸奶则变成一团蠕动着的荧光生物体。随着尺度的变化，我们对这些熟悉的日常物品的认知受到了挑战。正如数学家迈克尔·巴恩斯利（Michael Barnsley）所指出的："你对这些事物的解释将再也不会完全相同了"。[7] 正是人类眼睛的局限性和我们对视觉尺度的观念，让我们看不到它们的真实构成。

建筑师不仅可以将尺度处理作为一种物理手段，来实现空间或形式上的效果，还可以利用尺度来重新想象熟悉的物体，就像在显微镜下看到的一样。例如，通过蒙太奇的缩放手法驾驭尺度，我们可能会在平淡无奇的现实中看到新的可能性：一堵锈迹斑斑的金属墙变成了沿海海滨大厦群；一个混凝土长凳变成了山顶观景台；一个通风出口变成了极地研究站；或是砖砌图案变成质朴的野兽派纪念碑。

驾驭尺度的目的不应该是通过笨拙的复制和缩放来生成建筑，而应是在我们周围世界中发现隐藏的可能性。通过将元素或对象脱离环境和尺度，新的形式和关系就可以展现出来，并揭示令人兴奋的建筑可能性。

通过将这些元素或物体脱离其背景和尺度，新的形式和关系就会在我们周围的世界中显现出来。通过调整尺度，我们可以摆脱刻板印象，让现有的平淡现实揭示令人兴奋的新建筑可能性

锈迹斑斑的金属板围挡
现实

调整尺度
（复制、粘贴、剪切、拉伸）

海边塔楼?
可能性

混凝土长凳
现实

调整尺度
（复制、粘贴、剪切、拉伸）

山景观赏台?
可能性

通风口?
现实

调整比例
（复制、粘贴、剪切、拉伸）

极地研究站?
可能性

混凝土长凳
现实

砖砌图案　现实

调整尺度
（复制、粘贴、剪切、拉伸）

　　　　　　　　　　　　　　　　　第4章　拓展

纪念性建筑？
可能性

J. 泰特设计
城市，集束城市（Fascicle City），2011 年

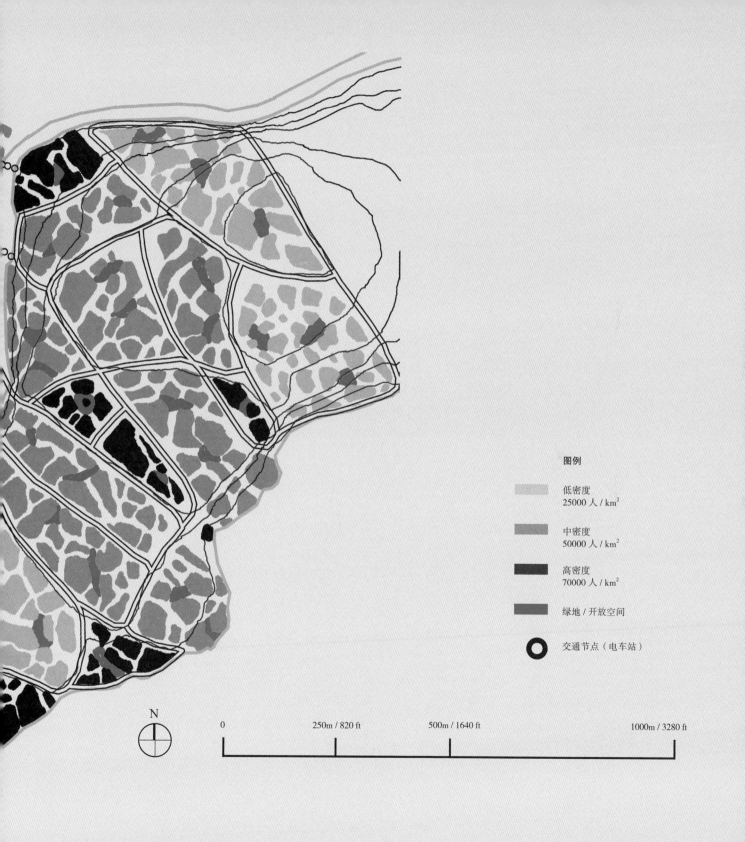

图例

低密度
25000 人 / km²

中密度
50000 人 / km²

高密度
70000 人 / km²

绿地 / 开放空间

交通节点（电车站）

N

| 0 | 250m / 820 ft | 500m / 1640 ft | 1000m / 3280 ft |

工艺

新的永恒

craft，精心制作，动词

日耳曼语——kraft（优势，技巧）

1.（及物动词）以特殊的技巧和对细节的高度关注来制作或制造（物体、产品、部件）。

在追求完美的同时，我们也在寻求不完美。尽管现代科技日新月异，我们仍在寻找那些手工制作的、失去光泽的、未完成的、有瑕疵的材料——这些材料展示了它们产生与老化的过程。

我们可以在木模板留下的痕迹中，或是在浇筑混凝土上可见的因施工过程中使用模板拉杆而留下的孔洞中看到这一点；树木上的缺陷会直接转为木材覆层和镶板上的结节和缺陷，它们由棕褐色风化为暗灰色；从金属氧化后会发生的变质中也可以看到——铜变成绿色，铁由灰色锈变为橙色；至于带着凹痕的永恒的石材则讲述了将其从地下开采出来的艰辛过程，以及后来在静息中经历的风化过程；还有每一块手工砖的独特之处——无论是光泽、质感还是它吸收日常生活污垢的方式。

工艺

这种对制作过程和材料老化的敬畏反映了对工艺的向往。需要精心制作的材料通常是坚固而永恒的：金属、木材、石头或混凝土，它们优雅地老化，那些固有的缺陷会在其整个使用周期中结晶和分解。如果说材料赋予形式以生命，那么工艺则赋予我们的材料——乃至我们的建筑——以生命、人情味以及与之相关的复杂性和不完美性。

然而，工业化大规模生产的材料如今已成为常态，如中密度纤维板、纸板、高压层压板、聚氯乙烯、聚氨酯、硅树脂、酚醛树脂和玻璃纤维等。这些材料都不需要工艺。它们是在封闭的空间组装和加工出来的，建筑师很少能看到或理解这个过程。它们往往是轻质材料，使用寿命有限；外观简单，但性质复杂。它们完美、光滑而且光亮——而不是有瑕疵、有纹理或有久用的光泽。它们不会老化，经久不变，只是会过早地损坏：这些材料没有一种能用到 40 年以上。[1]

这些材料已经成为我们的现实——它们价格低廉，制造速度快；而精工细作的材料则更贵，耗时更长。[2] 我们的时间计划、预算以及我们对待可抛弃性的态度，都几乎没

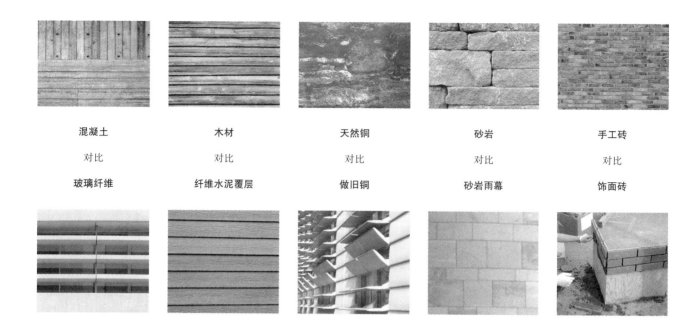

混凝土	木材	天然铜	砂岩	手工砖
对比	对比	对比	对比	对比
玻璃纤维	纤维水泥覆层	做旧铜	砂岩雨幕	饰面砖

有给工艺留有空间。然而，我们仍然渴望工艺所体现的品质，并因此施展出各种技巧。我们对裸露的金属部分进行阳极氧化处理，使其具有电镀或抛光金属的光泽和亮度；我们使用过早老化的绿铜；我们创造了无用的阴影间隙，来模仿木制连接技术；我们铺设了仿木纹的乙烯基地板；我们制作了石制雨幕——用这种高贵材料制成的薄片——然后将其粘在别的东西上。我们还使用再生材料，因为新材料已经不能满足使用要求。

当然，现代工艺仍然可以在建筑中使用。现在仍然有能干的混凝土工人、专门从事实木装饰的公司、熟练的金属工人和石匠，他们仍然在现代建筑中留下自己的印记。然而，自 20 世纪 70 年代以来，这些人的数量一直在下降，这主要是由于工业化和预制化的兴起。[3]虽然在某些国家，比如瑞士，人们的"物质意识"仍然很明显，[4]但它们只是例外。在苏黎世瑞士联邦理工学院（ETHZ）等机构培育下，瑞士在工程和建筑方面有着独特的优良传统，拥有强烈的保护当地工艺理念的地域认同感，其建筑也以执行的精确性和概念的经济性为特点。[5]也许最重要的是，瑞士是世界上最富有的国家之一：瑞士的建筑也是一种奢侈品。

可处置性

建筑材料在生产和使用上的转变不只是建筑师的过错，而是社会更广泛地转向一次性文化的征兆。[6]我们最珍贵的物品是由塑料和薄如纸张的金属制成的，几个月后就会过时。占主导地位的是唯物主义文化，而非物质文化。

现在，我们把自我的理念——在集体意义上的我们自己的时代、我们的时尚和我们的关注点——置于永恒概念之前。我们的建筑物设计使用寿命往往低于我们自己的预期寿命，这并非巧合。我们不再为未来建造建筑；"我们不留下金字塔"。[7]相反，我们是为自己而建，而不是为子孙后代建造。但是，为什么我们建造的建筑只有 40~60 年的寿命，[8]而那些 400 年前建造的房子却能长久存在？这种永恒性的缺失很大程度上归因于我们现在使用的材料。

形式

细节

空间 瑞士洛桑劳力士学习中心（Rolex Learning Center, Lausanne），SANAA 事务所设计，2010 年

新的永恒

建筑师曾经引领了从讲究工艺向使用工业化材料的转变。现在，我们可以借助技术重新引入工艺，利用混凝土、木头、金属、砖、石材和木材在数字时代的潜力。这不是怀旧、盲目崇拜意义上的讲究工艺，而是创造一种新的方法来实现物质性、工艺和永恒；正如社会学家理查德·森尼特（Richard Sennett）所说，这是"与我们时代的工具进行互动"。[9]这将使我们能够以新的方式使用天然材料，从而使工艺大众化并节约成本，使之成为大规模生产的可行选择。这种大规模数字化、具有商业利益的定制工艺已经在汽车、航空航天、医疗保健和时尚行业中展开——但尚未被建筑业完全接受。

在建筑中使用数字制造并不是什么新鲜事，格雷格·林恩（Greg Lynn）和弗兰克·盖里等建筑师在 20 世纪 90 年代率先使用了数字化建造技术，扎哈·哈迪德建筑师事务所等在 21 世纪又进一步发展了数字化建造技术。尽管如此，数字化建造通常仅限于小规模的实验或独特的委托设计。至关重要的是，数字化建造通常与工业化的、人工的、临时的材料（如玻璃纤维增强塑料、聚氨酯层压胶合板、丙烯酸或其他塑料）结合使用，并倾向于将有意识地创造数字化形式（参数化建筑）视为高于一切，这可能会限制概念性的方法。

然而，古老材料数字化工艺的其他可能性已经出现。SANAA 事务所在瑞士洛桑的劳力士学习中心项目中，使用了数控雕刻机来切割混凝土建筑所需的复杂双曲线模板；[10]赫尔佐格与德梅隆建筑事务所在泰特现代美术馆（Tate Modern）扩建项目中，以雕塑般的砖立面促使承包商发明了新的 3D 放样工具，以确保在超过 65m 高时仍能保持

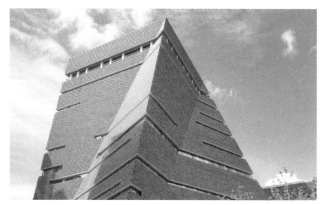
形式

空间 伦敦泰特现代美术馆扩建，赫尔佐格与德梅隆建筑事务所设计，2016 年

细节

±2mm 的公差。这两个例子都将数字技术与承包商（他们通过技术重新接纳工艺）结合起来，来表达建筑的可能性，而不是利用建筑来表达数字技术的可能性。

这些项目可能会引领潮流，但它们仍然代表着奢华，而不是日常生活。尽管如此，就像 SANAA 建筑事务所和赫尔佐格与德梅隆建筑事务所一样，如果我们拒绝那些虚假的、人工的标准化材料，并与建造我们建筑的人充分合作，那么我们现在就有机会使数字化制作的古老材料成为新的标准。购买数控雕刻机或开发新型 3D 放样工具的承包商越多，他们的竞争对手就越会注意到这一点。如果大多数承包商认为这是他们将遵循的行业发展方向，那么他们就会去遵循——而且，许多承包商确实已经在 BIM 软件上进行了投资，这使他们能够直接从 3D 模型中进行调阅和建造。"数字化工艺"将不再只是高知名度项目要承担的风险。[11] 这些方法可以变得和现在大规模生产的人造材料一样具有成本效益。

当然，数字化制造并非优秀建筑的先决条件，仅此还远远不够——但它可以为我们提供种种控制手段：控制建筑设计与施工之间的差距，控制我们希望建筑物所用的材料与当前预算和时间计划所允许的材料之间的差距。它或许能使我们避免使用复合的、有限的、临时的材料，回归到那些在我们所有项目（而不仅是精选出来的少数项目）中都能持久并能表达其时代的材料，以供子孙后代享用。我们可以使用我们这个时代的手段，重新与物质成为建筑材料所发生的蜕变联系起来；在赞赏物质性而不是唯物主义的基础上创造出一种新的永恒。让我们重新留下金字塔。

注释

导言（INTRODUCTION）

1 詹姆斯·威廉姆森（James Williamson），*Kahn at Penn: Transformative Teacher of Architecture* (Abingdon: Routledge, 2016), page 142.

WONDER

[1] Rudolf Otto, translated by John W. Harvey, *The Idea of the Holy: An inquiry into the non-rational factor in the idea of the devine and its relation to the rational* (London: Oxford University Press, 1923), p 18.

[2] Immanuel Kant, translated by John T. Goldthwait, *Observations on the Feeling of the Beautiful and Sublime* (Berkeley: University of California Press, 1965), p 47.

[3] Otto, *The Idea of the Holy*, p 68.

[4] Kant, *Observations on the Feeling of the Beautiful and Sublime*, page 46.

[5] Otto, *The Idea of the Holy*, p 42.

[6] http://www.arup.com/projects/china_central_television_headquarters

[7] Otto, *The Idea of the Holy*, p 43.

[8] Ibid., page 43

[9] Otto, *The Idea of the Holy*, p 43.

[10] Ibid., p 36.

[11] Ibid., p 69.

[12] Ibid., p 71.

[13] Ibid., p 71.

[14] Juhani Pallasmaa, *The Eyes of the Skin: Architecture and the Senses* (New York: John Wiley & Sons, 2005), p 51.

[15] Pallasmaa, *The Eyes of the Skin*, p 52.

[16] Richard Saul Wurman (ed.), *What Will Be Has Always Been* (New York: Rizzoli, 1986), pp 56–59.

[17] Otto, *The Idea of the Holy*, p 72.

[18] Wurman, *What Will Be Has Always Been*, pp 56–59.

ENVIRONMENT

[1] http://engineering.mit.edu/ask/why-does-structural-behavior-change-different-types-soil

[2] Lee D. Jones and Ian Jefferson, *Expansive Soils* (Institution of Civil Engineers, 2012), Chapter 5.

[3] Jancis Robinson (ed.), *The Oxford Companion to Wine*, 3rd edition (Oxford University Press, 2006).

DISORDER

[1] Le Corbusier, translated by Frederick Etchells, *Towards a New Architecture* (Thousand Oaks: BN Publishing, 2008), p 67.

[2] James Gleick, *Nature's Chaos* (New York: Little, Brown and Company, 2001), p 39.

[3] *Architectural Theory: From the Renaissance to the Present* (Cologne: Taschen, 2006), p 154.

[4] Le Corbusier, *Towards a New Architecture*, p 31.

MEMORY

[1] Gaston Bachelard, translated by Daniel Russell, *The Poetics of Reverie: Child-hood, Language, and the Cosmos* (Boston: Beacon Press, 1971), p 104.

[2] Chris Marker (dir.), *La Jetée* (France: Argos Films, 1962).

[3] Marc Augé, translated by John Howe, *Non-Places: Introduction to an Anthropology of Supermodernity* (London: Verso, 1995), pp 77–78.

[4] Italo Calvino, translated by William Weaver, *Invisible Cities* (Orlando: Harcourt Brace and Com-pany, 1974), pp 10–11.

[5] Calvino, *Invisible Cities*, pp 10–11.

[6] Ibid.

[7] Gaston Bachelard, translated by Maria Jolas, *The Poetics of Space* (Boston: Beacon Press, 1994), p 4.

[8] Bachelard, *The Poetics of Space*, p 8.

[9] Ibid., p 15.

[10] Ibid., p 146.

[11] Friedrich Nietzsche, *Philosophy in the Tragic Age of the Greeks* (Washington, DC: Gateway Editions, 1996), p 62.

[12] http://www.toyhalloffame.org/toys/alphabet-blocks

[13] George Hersey, *Architecture and Geometry in the Age of the Baroque* (Chicago: University of Chicago Press, 2000), p 205.

FUNCTION

[1] Hilde Heynen, *Architecture and Modernity: A Critique* (Cambridge: MIT Press, 1999), p 108.

[2] Michael H. Mitias, *Philosophy and Architecture* (Boston: Brill, 1994), p 96.

[3] Heynen, *Architecture and Modernity*, p 108.

[4] Rem Koolhaas, *Delirious New York: A Retroactive Manifesto for Manhattan* (New York: The Monacelli Press, 1994), p 100.

[5] Kenneth Frampton, *Modern Architecture: A Critical History*, 3rd edition (London: Thames & Hudson, 1992), p 228.

[6] Kenneth Frampton, *Modern Architecture: A Critical History*, 3rd edition (London: Thames & Hudson, 1992), p 190.

[7] http://www.designcurial.com/news/jail-breaker-4403655

[8] http://hosoyaschaefer.com/wp-content/uploads/2013/03/2006_Design-for-Shopping_Print.pdf

[9] Lisa Scharoun, *America at the Mall: The Cultural Role of a Retail Utopia*, (Jefferson: McFarland & Co, 2012), p 113

[10] http://www.promontorio.net/userfiles/practice/2014_11_11_PROMONTORIO_Retail_LowRes.pdf

[11] http://libeskind.com/work/crystals-at-citycenter

[12] Heynen, *Architecture and Modernity*, p 123.

FORM

[1] *Architectural Theory: From the Renaissance to the Present* (Cologne: Taschen, 2006), p 476.

[2] Kenneth Frampton, *Modern Architecture: A Critical History* (London: Thames & Hudson, 1980), p 248.

[3] Karen Forbes, *Site Specific* (San Francisco: ORO Editions, 2015), p 142.

IRONY

[1] https://www.youtube.com/watch?v=u4RJcNHWu7Y

[2] http://www.tate.org.uk/context-comment/articles/architecture-and-sixties-still-radical-after-all-these-years

[3] Anthony Vidler, *The Architectural Uncanny: Essays in the Modern Unhomely* (Cambridge: MIT Press, 1994), p 193.

[4] http://oma.eu/projects/zeebrugge-sea-terminal

[5] http://oma.eu/projects/irish-prime-minister-residence

[6] Robert Venturi, Denise Scott Brown and Steven Izenour, *Learning from Las Vegas*, revised edition (Cambridge: MIT, 1977), p 3.

POLITICS

[1] David Kilcullen, *Blood Year: Islamic State and the Failures of the War on Terror* (London: Hurst Publishers, 2016), pp 198–199.

[2] Patrik Schumacher, 'Where is the architecture?', ICON, August 2016, p 126.

[3] http://www.wsj.com/articles/tax-breaks-for-twitter-bring-benefits-and-criti-cism-1461947597

[4] Charlie LeDuff, *Detroit: An American Autopsy* (New York: Penguin, 2013), p 68.

[5] CABE, *Design quality and the private finance initiative* (London: CABE, 2005), p 4.

[6] https://www.theguardian.com/money/2009/nov/07/landbanking-investment-scheme

[7] http://www.building.co.uk/architects-and-recession-battered-bruised-and-broke/5012558.article

[8] Communities and Local Government, *Safer Places: A Counter-Terrorism Supplement* (London: Home Office, 2009), p 18.

[9] Anna Minton, *What Kind of World are We Building? The Privatisation of Public Space* (London: RICS, 2006), p 6.

[10] Roy Coleman and Lynn Hancock, 'Culture and Curfew in Fantasy City: Whose Time, Whose Place?', *Nerve*, (14) 2009, pp 12–13.

[11] http://www.jfklibrary.org/Exhibits/Permanent-Exhibits/The-Space-Race.aspx

[12] Edward J. Blakely and Mary Gail Synder, *Fortress America: Gated Communities in the United States* (Washington: Brookings, 1997), p 28.

[13] Oscar Niemeyer, *The Curves of Time: The Memoirs of Oscar Niemeyer* (London: Phaidon, 2000), p 170.

[14] Ibid., p 169.

[15] Ibid., pp 175–176.

[16] http://www.nytimes.com/2016/05/23/t-magazine/pritzker-venice-biennale-chile-architect-alejandro-aravena.html?_r=0

[17] Ibid.

[18] Niemeyer, *The Curves of Time*, p 175.

[19] Bill Berkeley, *The Graves Are Not Yet Full: Race, Tribe and Power in the Heart of Africa* (New York: Basic Books, 2002), pp 239–240.

WALK

[1] Walter Benjamin, *The Arcades Project* (Cambridge, MA: The Belknap Press of Harvard University Press, 1999), p 99.

[2] Rainer Bauböck, *Integration in a Pluralistic Society: Strategies for the Future* (Vienna: Institut für Höhere Studien, 1993), p 12.

[3] Charles Jencks, *Bartlett International Lecture Series: Generic Individualism – The Reigning Style of Our Time – and its Discontents* (2015). Available at: https://vimeo.com/152598975 Accessed: 6 February 2016).

[4] http://www.coop-himmelblau.at/architecture/projects/bmw-welt/

[5] http://www.zaha-hadid.com/architecture/cma-cgm-headquarters/

[6] http://www.rmjm.com/portfolio/capital-gate-adnec-development-phase-3-abu-dhabi/

[7] http://www.hok.com/design/type/commercial/baku-flame-towers/

[8] http://www.civicarts.com/titanic-belfast

[9] http://www.calatrava.com/projects/palau-de-las-artes-valencia.html

[10] Jencks, *Bartlett International Lecture Series*.

[11] http://www.toureiffel.paris/images/PDF/all_you_need_to_know_about_the_eiffel_tower.pdf

[12] Ibid.

[13] Walter Benjamin, *The Arcades Project* (Cambridge, MA: The Belknap Press of Harvard University Press, 1999), p 168.

[14] http://www.lonelyplanet.com/france/paris/introduction

[15] Charles Baudelaire, *The Flowers of Evil* (Oxford: Oxford University Press, 1993), p 207.

[16] Benjamin, *The Arcades Project*, p 422.

[17] Ibid., p 417.

[18] Ibid., p 422.

[19] Ibid., p 423.

[20] Timothy R. Gleason, 'The Communicative Roles of Street and Social Landscape Photography', *Simile* vol. 8, no. 4 (2008), pp 1–13.

[21] Jean-Claude Gautrand, *Robert Doisneau* (Cologne: Taschen, 2003), p 97.

[22] Eleonore Kofman and Elizabeth Lebas, *Writings on Cities: Henri Lefebvre* (Oxford: Blackwell Publishing, 1996), p 214.

[23] Kofman and Lebas, *Writings on Cities: Henri Lefebvre*, p 219

[24] Ibid., p 221

[25] Ibid., p 213

[26] Rebecca Solnit, *Wanderlust* (London: Verso, 2001), p 176.

[27] http://www.theguardian.com/cities/2015/feb/24/private-london-exposed-thames-path-riverside-walking-route

[28] Solnit, *Wanderlust*, p 14.

INFLUENCE

[1] Linda A. Henkel, 'Point-and-Shoot Memories: The Influence of Taking Photos on Memory for a Museum Tour', *Psychological Science*, February 2014 (25), pp 396–402, first published on December 5, 2013.

[2] http://www.scottisharchitects.org.uk/architect_full.php?id=100095

[3] Patrick Nuttgens, *The Story of Architecture* (Oxford: Phaidon, 1983), p 125.

[4] Glasgow City Council, *Walmer Crescent: Conservation Area Appraisal* (Glasgow: DRS, 2006).

[5] http://www.historic-scotland.gov.uk/memorandum-app3.pdf

[6] Ali Davey, *Short Guide: Maintenance and Repair Techniques for Traditional Cast Iron* (Edinburgh: Historic Scotland, 2013).

[7] http://portal.historic-scotland.gov.uk/designation/LB32608

RECLAIM

[1] http://ngm.nationalgeographic.com/2014/02/il-duomo/mueller-text

RESPECT

[1] James W.P. Campbell, *Building St. Paul's* (London: Thames & Hudson, 2007), p 21.

[2] Ibid., p 21.

OBSCURE

[1] https://www.youtube.com/watch?v=zG2WMVkD5dw

[2] Ibid.

[3] Ibid.

[4] Ibid.

[5] Ibid.

[6] Ibid.

[7] Ibid.

[8] Ibid.

[9] Ibid.

[10] Ibid.

[11] Ibid.

HEROIZE

[1] Aristotle (trans. Anthony Kenny), *Poetics* (Oxford: Oxford University Press, 2013), p 29.

[2] Sophocles, *The Three Theban Plays: Antigone, Oedipus the King, Oedipus at Colonus* (London: Penguin Classics, 1984), p 160.

[3] Le Corbusier (trans. Frederick Etchells), *Towards a New Architecture* (Thousand Oaks: BN Publishing, 1923), p 13.

[4] Ibid., p 3.

[5] Sophocles, *The Three Theban Plays*, p 162.

[6] http://www.econ.nyu.edu/dept/courses/gately/DGS_Vehicle%20Ownership_2007.pdf

[7] Kenneth Frampton, *Modern Architecture: A Critical History* (London: Thames & Hudson, 1992), p 155.

[8] Stefi Orazi, *Modernist Estates: The Buildings and the People Who Live in Them Today* (London: Frances Lincoln Limited, 2015), p 9.

[9] Ibid., p 10.

[10] Frampton, Modern Architecture, p 281.

[11] Ibid., p 308.

[12] http://www.pritzkerprize.com/2000/bio

[13] Rem Koolhaas and Bruce Mau, *S, M, L, XL* (New York: The Monacelli Press, 1995), p 959.

[14] Rem Koolhaas, 'From Bauhaus to Koolhaas', *Wired*, July 1996: https://www.wired.com/1996/07/koolhaas/.

[15] Rem Koolhaas, *Content* (Cologne: Taschen, 2004), p 162.

[16] Ibid, p 163.

[17] http://www.smithsonianmag.com/arts-culture/why-is-rem-koolhaas-the-worlds-most-controversial-architect-18254921/?no-ist=

[18] Ibid.

[19] http://www.nytimes.com/2005/04/10/arts/design/rem-koolhaas-learns-not-to-overthink-it.html?_r=0

[20] Ibid.

[21] Koolhaas, *Content*, p 118.

[22] http://oma.eu/projects/universal-headquarters

[23] Koolhaas, *Content*, p 512.

IMPROVE

[1] Peter Jones, *Ove Arup: Master Builder of the Twentieth Century* (New Haven: Yale University Press, 2006), p 214.

[2] http://www.dezeen.com/2012/10/11/basket-apartments-student-housing-by-ofis-arhitekti/

[3] Oscar Niemeyer, *The Curves of Time: The Memoirs of Oscar Niemeyer* (London: Phaidon, 2000), p 176.

IMPROVISE

[1] Ajay Heble and Rebecca Caines, *The Improvisation Studies Reader* (London: Routledge, 2015), p 4.

WALL

[1] Francesco Cacciatore, *The Wall as Living Place: Hollow Structural Forms in Louis Kahn's Work* (Siracusa: Lettera Ventidue Edizioni, 2014), p 3.

[2] Gaston Bachelard, *The Poetics of Space* (Boston: Beacon Press, 1994), PP 217–218.

[3] Slavoj Žižek, 'Aesthetics and Architecture' (presentation, 2010).

[4] https://en.wikipedia.org/wiki/Border_barrier

[5] Rory Kennedy, *The Fence* (HBO, 2010).

[6] *Fourth report of the Secretary-General on the threat posed by ISIL (Da'esh) to international peace and security and the range of United Nations efforts in support of Member States in countering the threat* (United Nations, 2017), pp 8–12.

STRUCTURE

[1] Edward R. Ford, *The Architectural Detail* (San Francisco: Chronicle Books, 2012), p 145.

[2] Hanif Kara, Adams Kara Taylor, *Design Engineering AKT* (Barcelona: ACTAR, 2008), p 10.

[3] Rem Koolhaas, *Content* (Cologne: Taschen, 2004), p 164.

DOOR

[1] http://www.etymonline.com/index.php?term=salvo

FAÇADE

[1] Musei Civici Veneziani, *The Doge's Palace in Venice: Guide* (Milan: Mondadori Electa, 2004).

STAIR

[1] Franz Kafka, (ed. Nahum N. Glatzer), *The Penguin Complete Short Stories of Franz Kafka* (London: Penguin Books, 1983), p 451.

SERVICES

[1] Kenneth Frampton, *Modern Architecture: A Critical History* (London, Thames & Hudson, 1992), p 244.

[2] John Donat, *World Architecture 1* (London: Studio Books, 1964), p 35.

ECONOMIZE

[1] Glasgow City Council, *Glasgow's Affordable Housing Supply Programme: Performance Review* (Glasgow: Glasgow City Council, 2015).

[2] City of Westminster, 2008. *Conservation area audit: Hallfield Estate, consultation draft*, March 2008.

COLOUR

[1] http://www.hrc.utexas.edu/educator/modules/gutenberg/invention/illuminations/

[2] https://udel.edu/~rworley/e412/Psyc_of_color_final_paper.pdf

[3] http://www.iconeye.com/404/item/3368-caixa-forum

[4] http://www.architectural-review.com/today/casa-das-histrias-paula-rego-by-eduardo-souto-de-moura-cascais-portugal/8600562.fullarticle

[5] http://www.tschumi.com/projects/3/

CONTRAST

[1] Herman Melville, *Moby-Dick or the White Whale* (Eighth Impression, 1922) (Boston: The St Botolph Society, 1892), p 55.

[2] Woody Allen, *Zelig* (USA: Warner Bros., Orion Pictures, 1983).

[3] Philip Jodidio, *Alvaro Siza* (Cologne: Taschen, 2003), p 12.

SCALE

[1] Luc Besson, *Lucy* (USA: Universal Pictures, 2014).

[2] Lord John Swinton, *A Proposal for Uniformity of Weights and Measures in Scotland* (Edinburgh, 1779), p 134.

[3] Oswald Ashton Wentworth Dilke, *Mathematics and Measurement* (Berkeley: University of California Press, 1987), p 23.

[4] https://www.britannica.com/science/cubit

[5] Benjamin Hall Kennedy, *The Theaetetus of Plato* (Cambridge: University Press, 1881), pp 116–117.

[6] Francis D. K. Ching, *Architecture: Form, Space and Order* (3rd Edition) (New Jersey: John Wiley & Sons, 2007), p 330.

[7] Michael F. Barnsley, *Fractals Everywhere* (3rd Revised Edition) (Mineola, New York: Dover Publications, 2012), p 1.

CRAFT

[1] AECB, *Typical Life Expectancy of Building Components*, accessed at: https://www.aecb.net.

[2] Richard Sennett, 'Craftsmanship' (Presentation), Harold M. Williams Auditorium, Getty Center, 2009.

[3] Graham J. Ive and Stephen L. Gruneberg, *The Economics of the Modern Construction Sector* (New York: Springer, 2000), p 60.

[4] Richard Sennett, *The Craftsman* (London: Penguin, 2009), pp 119–120.

[5] Steven Spier, *New Architecture from Switzerland* (London: Thames & Hudson, 2003), pp 8–9.

[6] Anna Moran and Sorcha O'Brien, *Love Objects: Emotion, Design and Material Culture* (London: Bloomsbury, 2014), p 140.

[7] Rem Koolhaas, *Content* (Cologne: Taschen, 2004), p 162.

[8] Anderson, J., Shiers, D. 2009. *The Green Guide to Specification*. Oxford: Wiley-Blackwell.

[9] Richard Sennett, 'Craftsmanship' (Presentation), Harold M. Williams Auditorium, Getty Center, 2009.

[10] Pedro Felipe Martins et al., *Digital Fabrication Technology in Concrete Architecture Fabrication* (Volume 1) – eCAADe 32.

[11] http://www.sir-robert-mcalpine.com/about-us/our-expertise/expertise_bimexperience/

致谢

谨以此书献给我的家人——他们给了我源源不断的灵感、力量和支持。

这本书从一系列私人想法和草图发展而来，这些想法始于大萧条严重时期。本书的出版得益于以下人士的帮助：

感谢我美丽的女儿亚历克莎（Alexa）和泰伊亚（Theia），她们为写这本书提供了最初的灵感和日常动力。你们每天都带给我惊喜和愉悦；

感谢我了不起的妻子乔安妮（Joanne），她从一开始就在我身边，每天都给我支持和建议。你的信任是我力量的源泉；

感谢我的父母吉姆（Jim）和伊索贝尔（Isobel），他们在我写书过程中给予的指导非常宝贵。我永远感激你们给予我的基础训练和机会；

感谢卢卡斯·迪特里希（Lucas Dietrich），他对一本未发表、数量未知的书给予信任，并提炼了本书的范围和目的。

感谢弗勒·琼斯（Fleur Jones）和利兹·琼斯（Liz Jones）对我第一本书的写作过程所给予的耐心和勤勉的指导。

斯特拉西拱门（Strathy Arch）15 年来一如当初！

感谢格拉斯哥米切尔图书馆（Mitchell Library）的每一个人，他们的书架就是知识的源泉。

感谢所有对这部作品表示兴趣和支持的我的家人、朋友和同事。

图片来源